横濱麦酒(ビール)物語

Tomokiyo Satoshi
友清 哲

有隣堂

【写真提供】

キリンホールディングス株式会社
P148、P149、P152、P155、P177

株式会社横浜ビール
P165、P169、P170、P174

はじめに

ビールは会話を伴う酒だとよく言われる。ライターとして酒にまつわるルポルタージュを多数手掛けるうちに、これはけだし名言だと実感させられている。

ワインや日本酒であれば、香りを窺(うかが)い、風味の奥底を探るようにじっくりと向き合うのがオツだろう。あるいはウイスキーであれば、しっとりと熟成の時間を噛(か)みしめるように味わいたいところだ。

しかし、ビールだけは気の置けない仲間とワイワイやるのが楽しいし、一人であってもついつい「ぷはあ」、「うまい」と言葉が漏(も)れ出てしまう〝陽〟の酒である。

何か嫌なことがあって自棄酒(やけざけ)をあおるなら、度数の強いハードリカーが定番で、もしも「酒だ、酒をくれ！」と言って出てきたのがキンキンに冷えた生ビールなら、一口啜(すす)れば思わず笑顔がこぼれること請け合いだ。まして、そんなご褒美を二杯、三杯と重ねれば、ストレスも陰鬱(いんうつ)な気持ちもすべて吹き飛んでしまうに違いない。

ところが、かようにピースフルで国民に愛されてきたビールについて、我々は意外と知らないことが多すぎる。

たとえば、ビールがいつどこの国で誕生したものか、ご存知だろうか。そのビールを日本で初めて口にしたのが誰なのか、ご存知だろうか。そもそも、なぜ日本中でこれほどビールが飲まれるようになったのか、その経緯をご存知だろうか。

酒で蘊蓄を語るのは無粋であると理解しているが、一方で、背景を知れば何倍も旨くなるのが酒である。

そこで、横浜こそが日本のビール産業発祥の地であることに着目し、「横浜×ビール」をお題目にガイドを試みたのが本書である。

知識や教養を押し付けようとの意図は微塵もない。ただ、ビールというものの出自と現在地を知ることで、今宵の一杯をいっそう美味なるものと感じてほしい。その一心から筆を執った次第である。

横浜とビールが織りなすひとつの壮大な物語に、しばしお付き合いいただければ幸いだ。

友清 哲

since 1869

横濱麦酒(ビール)物語

―目次―

第1章 ビール産業発祥の地・横浜

第2章

クラフトビールの夜明け

そしてビールは横浜に帰結する

第1章

ビール産業発祥の地・横浜

★古代メソポタミアで生まれたビールの長い旅路

二〇二一年二月、古代エジプトの遺跡から、世界最古のビール醸造所の痕跡(こんせき)が見つかったとエジプト観光・考古省が発表し、大きな話題を呼んだ。日本でも複数のメディアが報じていたので、ご存知の方もいるのではないだろうか。

場所はエジプト南部のアビドス遺跡。今から五千年以上前のエジプトを統治していた、ナルメル王時代のものだという。「ビールってそんなに大昔からつくられていたの?」と驚く人もいるかもしれないが、古代エジプトでビールが醸造されていたことはすでに確定した史実であり、今回のニュースでは、原料である穀物と水を煮るのに使われた土器が複数出土している点が目新しい。

ちなみにビールそのものの起源については諸説あるが、定説ではおよそ六千年前、メソポタミア文明にまで遡(さかのぼ)る。

メソポタミア文明の基礎を作ったシュメール人は、当時のビールの製法を「モニュマン・ブリュー」と呼ばれる粘土板に楔形(くさびがた)文字で書き残したとされている。記された製法は、現代のそれとは大きく異なっており、まず乾燥させた麦からパンを焼き、これに水を含ませてアルコー

シャルモ遺跡（現在のイラク）で発掘されたモニュマン・ブリュー。青みがかっていることがその名の由来で、楔形文字でビールの醸造風景が記されている（大英博物館ホームページから）

ル発酵させ、飲料として嗜（たしな）んだという。なお、こうしてつくられたアルコール飲料は、ビールではなく「シカル」と呼ばれていた。

もっとも、ホップを用いて苦味を利かせる工夫がされるのは、これよりはるかに後のことであるから、この時点では単に麦を原料とした醸造酒ということでしかないのだろう。つまりシカルは、〃ビールっぽいもの〃ではあっても、おそらく現代人が口にしたところで決して旨いものではなかったと思われる。……が、ここでは便宜上、ビールとして扱って話を続けたい。

たとえ我々にとって旨いものではなかったとしても、この当時、高い栄養価を備えたビールは貴重品であった。間違っても「とりあえずビール！」などと言えるような手軽なものではなかったはずで、実際、当時のビールは通貨と同等の価値が認められていたようだ。

紀元前一七〇〇年代に制定された、「目には目を」でおなじみの『ハムラビ法典』では、ビールに関する法律が定められており、労働者階級には一日の手当てとして約二リットルのビールが支給されていたという。これが役人クラスになると約三リットル、僧侶であれば約五リットルのビールが与えられたそうで、ビールを通して垣間見る古代の格差社会というのも興味深いものがある。


それにしても、目に見えない微生物に仕事をさせる発酵のプロセスを、彼らがいったいどのような経緯でマスターしたのか不思議でならない。参考までに言えば、「発酵」とは微生物の働きによって、食材が人体に有益な方向に変化することを指している。逆に、人体に有害な変化が「腐敗」である。

ビールの場合は、麦芽の糖を酵母が食べて、アルコールを発生させている。顕微鏡もなければ化学のロジックもない時代に発酵を意図的にコントロールしていたのだとすれば、これは驚くべきことだ。旨い酒を飲むことに関して、古代人も貪欲(どんよく)に試行錯誤を繰り返していたのかもしれないが、おそらくその出会いは偶発的なものだったに違いない。

そもそも醸造酒は、糖を含む何らかの原材料さえ存在すれば、そこに水と酵母が掛け合わさって自然に発生し得るものである。大雑把に言えば、その原材料が麦ならビールが、葡萄ならワインが、米なら日本酒が出来上がるという塩梅で、現代人はこれをタンクの中で意図的に行なっているに過ぎない。

なお、人類最古の酒は蜂蜜を原材料とするミード（蜂蜜酒）であるとされ、一万年以上も前から存在していたとまことしやかに伝えられている。

人類とミードの出会いはおそらく、熊や猿などの獣が荒らした蜂の巣が地面に落下し、そこに雨水が溜まり、たまたま大気中を漂っていた酵母菌が入り込んで自然発酵したものを、狩猟や採集目的の古代人が見つけて飲んだ、ということだと推察される（というよりも、それ以外にあり得ない?）。そして、その旨さと栄養価に目をつけた古代人が、躍起になって同じような液体を探してまわるうち、からくりに気づいて自ら酒を醸すようになったという流れが自然だろうか。

もちろん真相を確かめる術はないのだが、そんな偶然に偶然が重なって起きた出会いから、人類と酒の一万年以上にわたる長いコミュニケーションが始まるのだから、これを浪漫と言わずして何と言おう。

★初めてビールを飲んだ日本人は誰？

話をビールに戻す。古代メソポタミアで誕生したビールが、初めて日本にやってきた瞬間はいつなのかといえば、これが意外と曖昧だ。

ビールの主原料である麦自体は弥生時代には大陸から伝来していたようで、登呂遺跡（静岡県）や鶴が峠遺跡（愛媛県）、原の辻遺跡（長崎県）など、炭化した小麦種粒が出土した例がいくつもあることから、食用としての歴史はかなり古いと思われる。だから、古代日本の人々が麦から自然発生した醸造酒を口にしていた可能性もゼロではないのだが、それを証明するもっともらしい痕跡は今のところ発見されていない。

また、平城京の大内裏である平城宮跡（奈良県）から、「小麦五斗」と記された木簡が出土していることから、奈良時代（七一〇～七九四）には麦作が盛んに行なわれていた節がある。ならば、この頃に麦を原料とする発酵飲料が存在していたとしてもおかしくないわけだが、やはりそれらしい証拠はない。

話がそれるが、単に〝日本最古の酒〟を探るなら、縄文時代の井戸尻遺跡（長野県）から、底に山ブドウの種が付着した土器が発見されている。つまり、日本人が最初につくった酒はミードでもビールでもなく、ワインだったのかもしれない。

その後も麦を醸して酒づくりをしていた明確な物証は見つかっておらず、日本人とビールの出会いは結局、船舶が誕生し、人類が陸地をまたいで交流を持つ時代を待たなければならないのだろう。

そこで初めてビールを飲んだ日本人として名高いのが、元は幕末の仙台藩士で、日米の間で通商条約が締結された際に遣米使節団の一人としてアメリカに派遣された、玉虫左太夫（たまむしさだゆう）という人物だ。

万延元年（一八六〇）の一月に横浜から出港した黒船の一隻、ポーハタン号に記録係として乗船した玉虫左太夫は、船上での生活やアメリカの風俗について、『航米日録』という日誌に細かく記録を残している。

玉虫左太夫（国立国会図書館ウェブサイト『玉虫佐太夫略伝』から転載）：一般的にビールを初めて飲んだ日本人とされる玉虫左太夫。観察力の高さと、筆記能力に優れていたことから遣米使節団入りしたと伝えられる

興味深いのは同年二月三日（※旧暦）の項で、出航から間もなく、船上で催されたパーティーの席で、一行が船長からビールを振る舞われたシーンがある。その味について彼は「苦味ナレドモロヲ湿スニ足ル」

（苦味なれども口を湿すに足る）と記していて、これが日本人とビールの初邂逅というのが現在の定説だ。

洋上でのことだからこれをもって日本へのビール伝来とするものではないが、少なくとも海外との交流が活発になった時期に、様々な物品や文化と共にビールが日本で知られるようになったことは間違いないだろう。

ただし、この玉虫左太夫を「初めてビールを飲んだ日本人」とする説には、個人的に異論がある。なぜなら、玉虫左太夫が遣米使節団として出帆するより七年も前、嘉永六年（一八五三）に蘭学者の川本幸民という人物が、あのマシュー・ペリーに黒船の船内でビールを振る舞われたとの逸話が残っているからだ。

川本は日本の化学の基礎を築いた学者で、幕末期には蕃書調所（洋書や外交文書の翻訳を行なう幕府の機関）の教授として化学教育の中心的役割を担ったことで知られている。ペリー来航時にはその卓越した語学力を生かし、通訳として黒船にも乗船しており、そこで振る舞われたビールに強い関心を持ったと伝えられている。

ならばこれが、日本人が初めてビールを口にした瞬間であるはずなのだが、なぜかそうは認定されていない。玉虫左太夫より七年も早いのに、だ。

これに関しては、傍証がもうひとつある。川本はドイツの農芸化学書『化学の学校』のオランダ語版を原本に、『化学新書』という化学書を万延元年（一八六〇）に出版しており、そこにはビールの詳しい醸造法が掲載されている。川本が黒船の船上でビールを振る舞われた年でもある一八五三年、彼は翻訳執筆にあたる途中で、そこに記された製法に則って実際に自宅でビールの醸造実験を行なっているのだ。

つまり、川本は日本人初のブルワーということになり、つくりはしたが味見をしていない、などということはあり得ないだろう。なにしろ川本はこの時、川本家の菩提寺であった浅草の曹源寺に幕末の志士や蘭学者を集めて、自ら醸造したビールを振る舞う試飲会を開いているほどである。なおさら、味見もしていないものを他人に飲ませるとは思えず、招いたゲストに先駆けてビールを口にしていると見るのが妥当だろう。「初めてビールを飲んだ日本人」の称号は川本幸民に譲るべき、というのが筆者の立場である。

裕軒先生真像（日本学士院所蔵）：幕末から明治維新期に活躍した蘭学者、川本幸民。医者、そして発明家としての顔も併せ持ち、ビールのほかにもマッチやカメラを日本で初めて作った人物として知られる。「裕軒」は号

△糖ヲ含メル稍液ヲ泡醸スル片炭酸ト水ノ外常ニ尚香分少許ヲ生ス其性ト集成ハ尚未十分ニ知ルヘカラス○之ニ因テ各泡醸飲料ハ亜爾箇爾臭味ノ外ニ尚本性ノ臭味アリ之ヲ以テ此液品互ニ分カル○葡萄酒ニハ此香分ヲ以テ其ボウクェートト名ツクル者ヲ成ス○此酒中ニ在ル諸品ノ一物ヲ「ウーナントエートル」ト名ツク純粋ニシテ混合物ナキ者ハ甚不佳ナル臭(アリテ)水及ヒ亜爾箇爾分ヲ加(ヘテ)大ニ稀薄ニスレハ葡萄酒ノ臭ヲ思出スヘシ

ルニ足ルヨリモ尚多シ、其香(ホウクェート)ハ、一異本性アリテ、快美ナリ、其泡醸ノ間酒石ノ量多キニ就テ、揮發分(ウーナントアーテル)ヲ生シテ、佳香ヲ發スレハナリ、

希臘、伊私巳、葡牙利(ポルトカル)ノ如キ、南地ノ葡萄ハ、コレト異ニシテ、高温度ヲ以テ、糖多ク、酒石、蛋白分少シ、其蛋白分盡ク糖ヲ分析スルニ足ラス、其一分酒中ニ残ルヲ以テ、酒味甘ヲ帯フ、又(ナシ)酒石ノ量不足ナルヲ以テ「ウーナントアーテル」ヲ生セス、故ニ此酒ハ「ボウクェート」ナシ、

△第四百八十七章

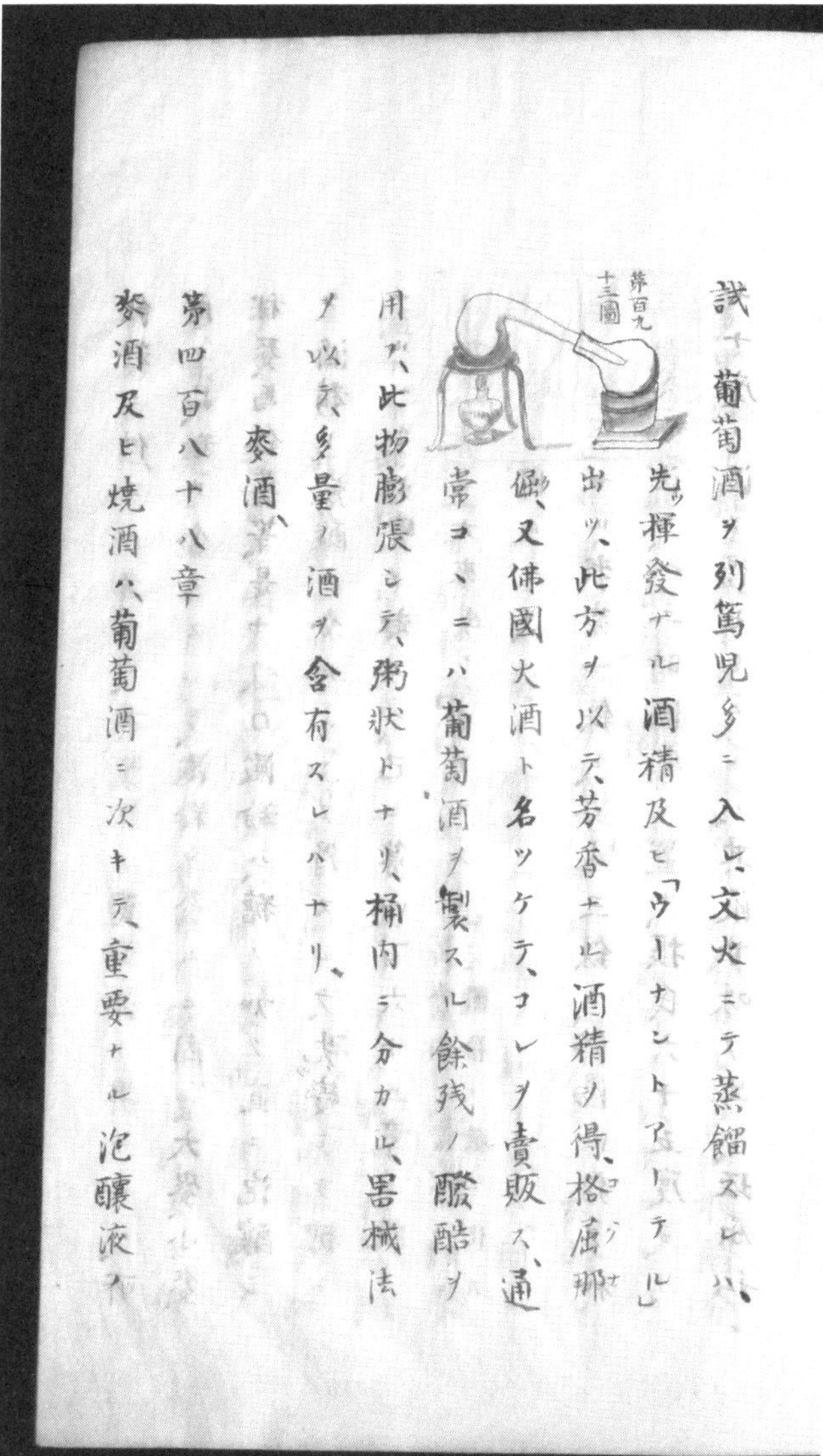

試ニ葡萄酒ヲ列篤児多ニ入レ、文火ニテ蒸餾スレハ、
先ツ揮發ナル酒精及ヒ「ウーイナントアーリテル」
出ツ、此方ヲ以テ、芳香ナル酒精ヲ得、格尼耶
儞、又佛國火酒ト名ツケテ、コレヲ賣販ス、通
常コヽニハ葡萄酒ヲ製スル餘残ノ酸酷ヲ
用ヒ、此物膨張シテ、粥狀トナリ、桶内ニ分カル、器械法
ヲ以テ、多量ノ酒ヲ含有スレハナリ、

第百九十三圖

麥酒、
第四百八十八章
麥酒及ヒ焼酒ハ葡萄酒ニ次キテ、重要ナル泡醸液ナ

川本がドイツの農芸化学書を訳した『化学新書』（日本学士院所蔵）。最後の３行では「麦酒」について触れている

『ペリー提督日本遠征記』の中にも記述がある、ポーハタン号上での宴会風景を描いた図（横浜開港資料館所蔵）

ちなみに後世、幸民のひ孫にあたる川本裕司氏が、曽祖父が自宅にわざわざ醸造用の竈（かまど）をこしらえていたことを証言している。その自宅がどこにあったのか長らく謎とされてきたが、最近になって新たな資料が掘り起こされ、現在の日本橋茅場町、茅場町一丁目交差点付近であったことが判明している。

ところが、さらに資料を漁（あさ）れば漁るほど、この〝川本幸民第一号説〟にも自信が持てなくなってくるからややこしい。

慶長十四年（一六〇九）に開かれ、東アジアとの貿易拠点として機能した長崎県平戸市のオランダ商館では、寛永十三年（一六三六）の時点でビールを醸造していた記録が残っており、これが国内最古のビール醸造とされている。当時、ご相伴（しょうばん）

に与（あずか）った日本人が絶対にいないとは誰にも言い切れないはずだ。

またその後、オランダ商館が長崎・出島に移されたあとに商館長を務めたヘンドリック・ドゥーフが、文化九年（一八一二）にビールの自家醸造を行なっている。ナポレオンがヨーロッパ諸国を次々に征服した影響によって、本国から物資が届かなくなり、大好きなビールにありつけなくなってしまったことから、ドゥーフは自らビールづくりに取り組んだのだ。

しかし、材料も設備も不揃いであるうえ、高温多湿な日本の環境でビールを再現するのは、簡単なことではなかったようだ。ドゥーフが遺した『日本回想録』によると、最初につくったビールは十分に発酵が進まず、また、ホップも手に入れられなかったことから、「三、四日しか保たなかった」と記されている。ホップには雑菌の繁殖を抑える働きもあるから、あえなく腐敗してしまったということだろう。

しかし、よほどビールを欲していたのか、ドゥーフはこの失敗にめげることなく、当時の日本で調達可能な材料をかき集めて醸造を続け、ほどなくビールの完全再現に成功。長崎の画家・川原慶賀（かわはらけいが）が描いた「唐蘭館絵巻」に見る当時の「宴会図」には、その時の様子が賑々しく表現されている。

畳敷きの広間に設置されたテーブルに七人の外国人が着席し、そのうちの一人はグラスに手酌でビールらしき飲料を注いでいるように見える。さらに食事を楽しんでいる彼らの傍らに

川原慶賀「唐蘭館絵巻」の中で描かれた「宴会図」。ビール瓶らしきものがはっきりと確認できる（長崎歴史文化博物館所蔵）

は、猫を抱いて微笑む日本人女性が二人。その様子からして彼女たちは給仕担当とは思えず、これが事実を描写した絵巻であるなら、宴会に招かれた日本人女性らが、一緒にビールを口にしたことは十分に考えられるだろう。というよりも、ご相伴に与からないわけがない。ならば、その場にいた名もなき日本人は、川本幸民より約四十年早くビールを口にしたことになる。

もちろんこれも、今となっては藪の中で、本項の冒頭で曖昧という言葉を用いたのは、このあたりに理由がある。

それでもこうして様々な資料と仮説を吟味しながら、時代考証と共に日本におけるビールの起源を夢想するのは、なかなか楽しい手慰みだ。何より、古代メソポタミアで誕生したビールが、長い年月と旅路を経て幕末の日本にたどり着いた事実に思いを馳せれば、今宵の一杯がいっそう旨く感じられるに違いない。

★横浜で産声をあげた日本のビール産業

ここに、ひとつの井戸がある。「港の見える丘公園」や「山手西洋館」など、今日の横浜を代表する観光スポットのほど近く、横浜市立北方（きたがた）小学校の敷地の片隅に、柵で囲まれた状態で保存されている古めかしい井戸である。

通称「ビール井戸」と呼ばれるこの古井戸は、かつてシュワシュワとビールが湧いて出た不思議な井戸――であるはずはなく、明治二十八年（一八九五）から七年間にわたり、ビールづくりに使用されていたものだ。北方小学校の校庭はかつて、よく澄んだ清水が湧いたスポットとして知られ、これが黎明期のビール工場に活用された歴史がある。

横浜市の地域史跡に登録されているビール井戸。北方小学校の敷地内に、ひっそりと保存されている

現在、「ビール製造発祥の地」として横浜市の地域史跡に登録されるこの産業遺産こそが、日本

のビール市場をダイナミックに切り開いていくひとつの要（かなめ）なのである。

日本で初めてビールを醸造したのは、前述したように当時のオランダ商館に駐在した誰かで間違いないだろうし、日本人初のブルワーは川本幸民だ。その一方で、「日本ビール産業の祖」として後世に名を残す人物が横浜にいた。

日本ビール産業の祖、ウィリアム・コープランド。一流の醸造技術を備え、横浜在留の外国人たちを大いに喜ばせたという（所蔵・勝俣力）

ノルウェー生まれのアメリカ人、ウィリアム・コープランド、その人だ。

一八三四年、ノルウェー南東のアーレンダールで生を受けたコープランドは、ドイツ人醸造技師に弟子入りしてビールづくりの基礎を磨き、後にアメリカ合衆国に移民。そして一八六四年、ビール未開の地での成功を夢見て、コープランドは横浜へやってきた。元号にして元治元年のことである。

ビール事業の種銭作りのため、手始めに運送業に着手したコープランドは、首尾よく資金を蓄えると、ブルワリーを開くための土地探しに本腰を入れる。旨いビールをつくるためには、良質の水が欠かせない。そこでコープランドが水質に着目したのが、ビール井戸がある天沼（あまぬま）

（現在の中区諏訪町）だった。

明治二年（一八六九）に土地を購入したコープランドは、翌年、そこで「スプリング・バレー・ブルワリー」を創業。後にこのスプリング・バレー・ブルワリーの跡地に誕生するのが、キリンビール（麒麟麦酒株式会社）である。

スプリングとは「湧き水」を、バレーは「谷」を意味する。その名の通り、湧き水の出る谷に誕生したこのブルワリー、最近のクラフトビール事情に明るい人からすれば、耳馴染み（みみなじ）のある名称に違いない。これはキリンが平成二十七年（二〇一五）の三月に東京・代官山にオープンしたマイクロブルワリー（小規模醸造所）の名称であり、同社のクラフトビールブランドとして人気を博している。その由来がまさにここにある。

多くの外国人が居留したこの頃の横浜は、まさに日本のビール産業が産声（うぶごえ）をあげた現場そのもので、他にもふたつのブルワリーが誕生している。スプリング・バレー・ブルワリー開業の前年、明治二年（一八六九）に創業した「ジャパン・ヨコハマ・ブルワリー」と「ヘフト・ブルワリー」で、いずれも横浜で暮らす外国人が立ち上げたものだった。

特にジャパン・ヨコハマ・ブルワリーは日本初のブルワリーとして名を残し、島根の松江藩も出資した有望な事業体であったが、残念ながら経営面のごたごたなどから長続きせず、にわかに横浜で勃発したビール競争は、スプリング・バレー・ブルワリーがしばらく独走することになる。

スプリング・バレー・ブルワリーが世に送り出したビールは評価も売れ行きも上々で、のちに横浜だけでなく東京や長崎、神戸、函館など、他の外国人居留地でも積極的に販売されるようになった。

さらには上海やサイゴン（現在のホーチミン）にも出荷されたというから、黎明期のスプリング・バレー・ブルワリーは主に外国人にターゲティングしていた様子が窺える。

また、コープランドはこの頃、ブルワリーに隣接する自宅の庭を改装し、「スプリング・バレー・ビヤ・ガーデン」と名付けたビアガーデンをオープンさせてもいる。当然これが日本初のビアガーデンということになり、醸造所直結の店舗という意味では、ブルーパブ（店内でビールを醸造し、提供する形態のパブ）の走りと言ってもいいかもしれない。

在日外国人を中心に、着々とマーケットを広げたコープランドが、日本人市場の開拓に本腰を入れ始めたのは明治十四年（一八八一）からで、安価で淡麗な、いろんな意味でドリンカブルなビールを売り出している。スプリング・バレー・ブルワリーが日本の新聞紙面に初めて広告を出稿したのはこの翌年で、日本人にも少しずつ「ビール」という飲み物の存在が知られていくことになる。

一大市場を築いた「ラガー」というスタイル

閑話休題。ここで参考までに、ビールの醸造プロセスについて手短に解説しておくと、その行程は大まかに「製麦」、「仕込み」、「発酵」、「熟成」、「濾過」と分けられる。

まず「製麦」とは、主原料である大麦に水分をあたえて発芽させ、麦芽を作る作業のことである。この麦芽を乾燥させて細かく粉砕し、副原料や温水を混ぜ合わせて糖化させるのが「仕込み」だ。これを濾過してホップを加え、煮沸することで麦汁ができあがる。

その麦汁を冷却し、酵母を加えると「発酵」が始まる。発酵過程では麦汁の中の糖分がアルコールと炭酸ガスに分解され、いよいよビールに近い液体に仕上がるが、味や香りがまだ十分ではないため、ここで一定の「熟成」期間を置く。そして最後に「濾過」を経て、ビールは商品として世に送り出されることになるのだ。

こうしたプロセスを、当時の日本で行なうのは並大抵の苦労ではなかったはずだ。実際、コープランドは原料である麦芽を運搬するのに大八車を使い、それを水車で粉砕してビールをつくっていたというから、現代とは比較にならない手間暇がかかっている。また、麦汁を冷やす冷却設備もまだ存在しないため、仕込みは十月以降の寒冷期に絞って行なわざるを得なかったという。コープランドは当時の環境でできるかぎりの創意工夫を尽くしながらビールづくりに励んでいたわけだ。

なお、この黎明期にコープランドが醸したビールのひとつが、今も日本で一大市場を維持している「ラガー」と呼ばれる種類だ。コープランドがつくるラガービールは、リリース当初から横浜界隈で暮らす外国人たちに大変好まれたという。

さらに基礎的な解説を垂れ流すことをご容赦いただきたいが、昨今のクラフトビールブームにより、ビールにも多種多様なスタイルがあることは広く知られるようになった。そのバリエーションは実に一〇〇種以上とも言われるが、ひとまずはラガービールとエールビールの違いさえ認識しておけば十分だろう、と思う。

これはシンプルに言えば、麦汁が発酵する際、タンクの下のほうで発酵するか（下面発酵＝ラガー）、それとも上のほうで発酵するか（上面発酵＝エール）という違いである。

液体は上のほうほど温度が高いのは誰もが知る物理だが、要は下のほうで発酵するラガーは低温発酵であり、上のほうで発酵するエールはやや高温で発酵することになる。温度帯でいえば、下面発酵が五℃前後、上面発酵が一五〜一六℃ほどだ。

高温で発酵させるエールビールが三、四日の発酵期間で済むのに対し、低温で発酵させるラ

ビール産業に偉大な功績を残したコープランドは、今も横浜外国人墓地の一角で眠る。1902年没

ガービールは一週間から十日ほどの発酵期間が必要となる。しかしその分、雑菌が繁殖しにくく品質を安定させやすいメリットがラガービールにはある。

ビールの本場である欧州ではエールビールが主流だが、大量生産、大量流通を目論んだコープランドにしてみれば、一定の品質を維持するにはラガービールのほうが好都合であった。これが、日本市場をラガービールが席巻（せっけん）した理由のひとつである。

ラガービールはご存知のようにごくごくと喉越しで味わう爽快さが特徴で、エールビールはより豊潤な風味を備えているのが特徴だ。

たとえば、我々が当たり前のように親しんできた国内大手四社のビールは、「ピルスナー」と呼ばれるラガービールの代表的なスタイルが中心であり、近年流行りのＩＰＡ（インディア・ペールエール）やヴァイツェン、スタウトなどは、いずれもエールビールに属するスタイルである。日本の高温多湿な環境にはどちらかというとラガービールの相性が良く、これもまた、ピルスナーを日本に定着させた一因だろう。

逆にいえば、エールビールの多くは必ずしもキンキンに冷やした状態がベストとは限らない。夏場のピルスナーが時に、サーバーからグラスに注いだ瞬間がピーク（つまり、あとはぬるくなっていく一方）などと言われてしまうのに対し、エールビールは温度変化と共に少しずつ移ろう風味を楽しむことができる。

ビールというのは御託を並べずに流し込むのが一番だろうが、それでも空前のクラフトビールブームによって選択肢が増えた今、こうした蘊蓄をささやかにでも意識しておくと、品目豊富なビアバーなどでその日の一杯を選ぶ際に、ちょっとした楽しみが生まれるのではないだろうか。

「とりあえず生」もいいが、ビールはワインやウイスキーのように、その日の気分に合わせてセレクトする時代に突入しているのだ。

★室町時代以前から脈々と続く横浜の歴史

ところで、本書が〝ビール産業発祥の地〟としてスポットをあてる横浜とは、そもそもどのような街なのか。ここで、コープランドがスプリング・バレー・ブルワリーを創業するに至るまでの、横浜の成り立ちと歴史について簡単にひもといてみたい。

横浜という地名が確認できる最古の資料は、横浜市南区の宝生寺に残された古文書である。嘉吉(かきつ)二年（一四四二）のもので、そこに「横浜村」の地名が明記されている。このことから横浜という地名は、少なくとも室町時代から使われていたことがわかる。

地名の由来については諸説あり、当時の地形として、横に広がる砂州（砂の堆積地）が特徴的であったことや、あるいは官道から横にそれた浜辺であったことなどが有力視されている。いずれも安直なネーミングであることに変わりはないが、まあ地名とはそんなものなのだろう。

江戸時代の行政区分でいえば、横浜村は武蔵国の久良岐郡(くらきぐん)に属していた。十七世紀に作成された界隈の地図を見ると、現在の横浜開港資料館（横浜市中区）が建っているあたりにその村名がある。

といっても、この一帯は江戸時代以降に埋め立てられた地域であるから、今とはかなり様相が異なっている。なにしろかつての横浜周辺は、現在の横浜高速鉄道・みなとみらい線、馬車道駅→日本大通り駅→元町・中華街駅に沿ったラインを残して、深く海岸線が食い込むように入海(いりうみ)を形成しており、中華街や横浜スタジアムなどがある我々にとって馴染み深いエリアはすべて海だったのだ。

横浜村は入海に細長く突き出した、半島のような地形の付け根の部分に存在し、江戸時代にはここに八十数戸の家屋が集まっていたという。入海をぐるりと囲む海岸線沿いには、野毛村や石川中村など、現在も残る地名が散見される。

ちなみに横浜村から海沿いを江戸方面に一里(四キロ)ほど進んだ先、現在の京急線・神奈川新町駅の近くにあったのが神奈川宿だ。最盛期はここに五千人ほどの人が暮らし、およそ千三百の戸数が集まる大きな町場として活況を呈していたという。

ついでにこちらも地名の由来を探ってみると、最初に歴史上にその名が登場するのは文永三年(一二六六)と古く、この年の五月二日に北条時宗が出した下文(くだしふみ)の中に「武蔵国稲目、神奈河両郷」の郷名が確認できる。

同時期の文書では神奈河ではなく神名川、上無川、さらには金川などと記されることもあ

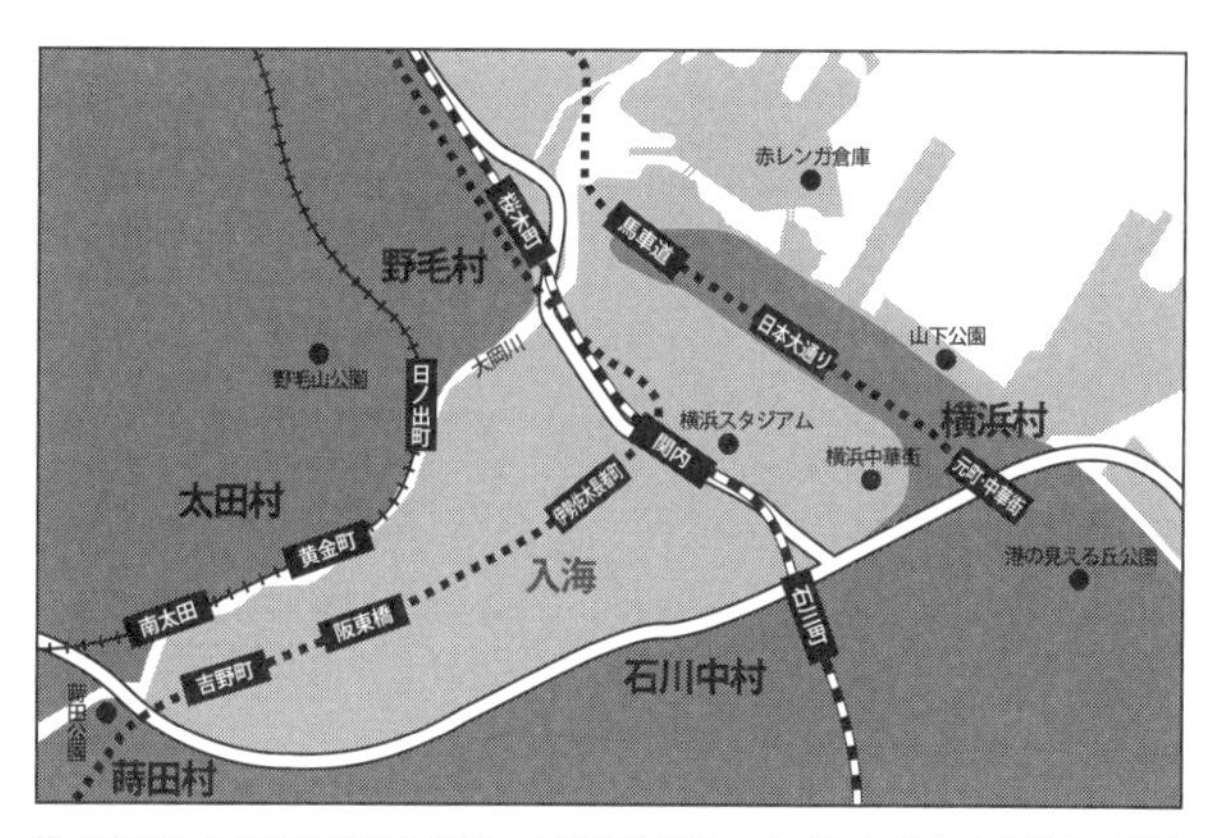

埋め立てられる前の横浜村周辺。中華街や横浜スタジアムがある地域も、往時はすべて海だったのだ

り、それぞれに由来についての仮説がある。たとえば近隣の水源に乏しかったことから上無川とする説や、今も横浜市内を流れる帷子（かたびら）川に鉄分を豊富に含む土砂が流れ出ていたことに由来して金川とする説などだ。

神奈川という地名が安定的に用いられるようになるのは、安政六年（一八五九）に時の幕府が、武蔵国久良岐郡に「神奈川奉行所」を置いてからである。

さて、東海道からはずれた海沿いの横浜村は、砂地であることから「洲乾湊（しゅうかんみなと）」と呼ばれ、港として一定の機能は果たしても、水田を作るのには適さない寒村地帯であったという。現在の横浜とは正反対の荒涼としたエリアだったわけで、村人たちは漁業や塩づくりで稼ぎを得ていた。

ただし、漁業に関しては江戸時代以降、それなりに盛り上がりを見せていたようで、当時の横浜の名物はナマコであったというから面白い。というのも、イリコ（煎りナマコ）と干しアワビとフカヒレは江戸時代の三大輸出物だったそうで、とりわけ横浜界隈はナマコの主力生産地とされていたからだ。イリコとはナマコを茹でて乾燥させたもので、中国では当時から高級食材として取引されていた。

東京湾でナマコ漁が盛んに行なわれるようになったのは戦国時代からのことで、江戸時代には現在の横浜市から横須賀市にかけてのエリアにおいて、年間で十数トンものナマコが収穫されていたという。横浜産のナマコはイリコに加工されたあと、長崎経由で中国大陸へ出荷され、幕府の重要な財源になっていた。

なお、本筋とはまったく関係ないが、現在の横浜名物として真っ先に名が挙がるであろう「シウマイ」の崎陽軒が登場するのは、明治四十一年（一九〇八）になってからのことである。

今は桜木町駅となっている初代・横浜駅（大正四年に桜木町駅と改称された経緯がある）が開業した際に、駅弁を売るショップとして構内にオープンしたのが崎陽軒の始まりで、取り立てて名物が見当たらなかった横浜に何か売りを作ろうと、同社の社長が南京街（現・横浜中華街）で提供されていた焼売に着目。これを昭和三年（一九二八）から「シウマイ」として売り出したところ、まんまと横浜名物として定着したのだという。シュウマイではなくシウマイとしたのは、単に訛り（なま）による発音ミスが原因らしい。

★横浜活性化の基盤となった「吉田新田」の開発

江戸時代に立ち戻る。漁業こそそれなりに好調ではあっても、横浜村の村民たちがより豊かに暮らしていくためには、農地開発が欠かせない。

しかし、この入海部分はもともと縄文海進（温暖化に伴う縄文初期の海面上昇）によって水没した〝溺れ谷〟であり、田畑として使える用地が極めて少なく、せいぜい入江付近に塩田を開くのが精一杯だったという。

そこで、この釣り鐘を転がしたような形をした入海を埋め立ててしまおうと考えたのが、江戸時代前期の材木商・吉田勘兵衛である。

吉田勘兵衛はもともと摂津国（現在の大阪府、兵庫県あたり）の生まれだが、当時急速に発展を遂げていた江戸に商機を見出し、本材木町（現在の東京都中央区日本橋）に居を移した機を見るに敏な人物だ。そんな彼にしてみれば、江戸から近い好立地で、ナマコ漁で賑わう半農半漁の小さな村は、伸び代（しろ）たっぷりの鉱脈に見えたに違いない。

幕府から埋め立ての許可を取り付けた吉田勘兵衛は、明暦二年（一六五六）に工事をスタート。まずは海水の流入を止めるため、横浜村のほか、現在の中村や野毛の崖地から土砂を集め、これを堤防造りの材料とした。

もちろん、当時の土木技術は万能ではなく、梅雨の長雨で海が荒れ、せっかく築いた堤防が崩壊してしまうトラブルもあったが、吉田勘兵衛は粘り強く十年以上の時間をかけて、寛文七年（一六六七）に工事を完了。入海西側の大部分を埋め立て、新田開発に成功したのだった。

新田は広さにして約三十三万坪（百十五万五千平米）という巨大なもので、これは横浜スタジアム約三十三個分の広さに相当する。その八割は田んぼとして開墾され、残りの土地は畑や屋敷を置く用地として使われたという。

彼は当初、この新田を「野毛新田」と名付けたが、時の四代将軍徳川家綱がその功績を称え、寛文九年（一六六九）に名を吉田新田と改めている。吉田勘兵衛がのちに横浜三名士の一人に数えられることになるのも、この大事業を成功させた実績が決め手である。

その後、江戸末期には入江に近い部分がさらに「太田屋新田」、「横浜新田」として埋め立てられ、横浜村周辺の陸地化が進む。当初は開墾を目的とする工事だったが、結果としてこれが港町としての発展の基盤になったことは言うまでもないだろう。

今よりも水辺がもっと間近にあった当時の痕跡は、現在の街並みの中にも散見される。その

かつて伊勢山下から都橋付近まで入海であったことから、木橋が架けられた。その後、本橋が吉田新田から架橋されたことより「吉田橋」の名に。なお、関門跡は横浜市の地域史跡に認定されている

ひとつが、ＪＲ関内駅前に残る「吉田橋」だ。

　これはかつて吉田新田と太田屋新田の間に架けられたもの。もともとは簡易な木造の仮橋で、後に日本が開国し、界隈に外国人居留地が設定されると、日本人の立ち入りを禁ずるために、この橋に関所が設けられた。この関所を境に海側を「関内」、内陸側を「関外」と呼んだことが、今も地名として定着しているのは興味深い。

　吉田橋はその後、明治二年（一八六九）に灯台技師リチャード・ブラントンの手により、錬鉄製のトラス橋に架け替えられている。「鉄（かね）の橋」と呼ばれて地域の人々に親しまれたこの橋は、日本初の橋脚のない鉄橋として話題を呼んだ。

　以降、数度の改修、架け替えを経て、現在の吉田橋は昭和五十三年（一九七八）に完成した

五代目にあたるもの。その下を流れるのは海でも川でもなく、首都高速道路・神奈川一号線である。

しかし、今も関内駅の地下には、埋め立て当時の石積みがひっそりと残っているという。

★意外と知られていない「鎖国」と「黒船来航」のリアル

もともとは大部分が海でありながら、先人の努力によってまとまった陸地を手に入れた横浜。そこから現在のような国内有数の大都市に発展する端緒は、やはり黒船来航から始まる開港、開国の文脈上にある。

そこで今回の執筆にあたり、あらためて歴史を調べ直していたところ、少々意外な事実に行き着いた。

黒船来航といえばおそらく多くの人が、泰平の世を突然襲った天下の一大事と認識しているのではないだろうか。少なくとも教科書の上辺だけをなぞるような勉強しかしてこなかった筆者には、そのイメージでしかない。

いや、それは決して間違った認識ではなく、鎖国に近い状態（この表現については後述する）にあった日本において、水平線の向こうからじわじわにじり寄ってくる大きな外国船の姿には、さぞ不安や恐怖を煽られたに違いない。今日に残る「泰平の眠りをさます上喜撰たった四盃で夜も寝られず」という有名な狂歌が当事者の心境を伝えているし、異国からの船舶来航を報じるかわら版が多数刷られた事実からも、世の中の混乱が想像できる。

ところが当時の様子について、最近の歴史の教科書の解説はだいぶトーンダウンしており、黒船来航は決して突拍子もない出来事ではなく、むしろ幕府にとっても庶民にとっても想定内だった節がある。そのくらい、当時の幕府は海外の事情にしっかりと精通していたようなのだ。

近代史における黒船来航とは一般的に、嘉永六年（一八五三）、横須賀・浦賀沖にアメリカ東インド艦隊の司令官、マシュー・ペリー率いる四隻の軍艦の来航を指している。

しかし、外国船は十八世紀のうちからたびたび日本近海に姿を見せており、実はそれほど珍しいものではなかったという前提がまずある。すでに世界では海をまたいだ交易が活発化し、欧州の列強諸国がアジア進出を企んでいたことを幕府は重々承知していたのである。そして、彼らの文明が自国の比ではないということも。

仮に、海外の列強が日本の植民地化に動き出したとすれば、軍事力では到底適うわけがない。だからこそ幕府は、天保十三年（一八四二）にそれまでの「異国船打払令」を廃止し、代わりに「天保の薪水給与令（しんすいきゅうよれい）」を発令したのだ。これは外国船の寄港を認め、食料や燃料の補給に応じよという法律で、要は海外諸国と穏便に相対し、できるだけ戦争をふっかけられることのないよう配慮したわけだ。

このことからも、鎖国中とされながらも日本が世界情勢にしっかりと目を光らせていたのは明らかである。最新の歴史事情に明るい人にとっては基本中の基本かもしれないが、当時の状況を正しく知るにはそもそも〝完全シャットアウト〟をイメージさせる鎖国という言葉の解釈に、誤解があることを認めなければならないだろう。実は文部科学省も一度は鎖国という言葉を使わない方針を固めたほど（後に見送り）、この言葉が持つイメージと当時の実態には乖離（かいり）がある。

世代にもよるが、歴史の授業では鎖国について、長らく三代将軍家光が完成させた対外封鎖政策であると説明してきた。寛永十年（一六三三）がその始まりで、実際に幕府は日本人の海外渡航を禁じ、寛永十八年（一六四一）には当時唯一の交易国であったオランダに対しても、現在の長崎県内に置かれた貿易拠点・オランダ商館を、平戸（ひらど）（現在の平戸市）から出島に移すなど、厳しい制限を設けている。海外諸国に対して、かなり閉鎖的な状態であったのは間違いないだろう。

一方で幕府は、そのオランダに通商を許可する代わりに、「オランダ風説書（ふうせつがき）」という海外情勢に関する情報書類の提出を求めていた。これが幕府にとって諸外国に関する唯一と言ってもいい情報源であり、対外封鎖政策を打ち出す一方で、目を皿のようにして海外ニュースをチェックしていた様子が窺える。

なお、「オランダ風説書」はオランダ商館の最高責任者が作成するのが通例で、それをオランダ通詞（通訳のこと）が日本語に訳して幕府に渡していた。現在までに、日本文のものと蘭文のものを合わせて、寛永十八（一六四一）から安政四年（一八五七）までに作成された三一八通の風説書が確認されており、往時を知る貴重な資料となっている。

ペリー肖像（模本）（出典：ColBase〈https://colbase.nich.go.jp/〉）：日本に開国を迫るために、アメリカからやって来たマシュー・ペリー。清（今の中国）との貿易にあたり、日本は補給拠点としてうってつけだったのだ

では、鎖国という言葉がいったいどこからやってきたのかというと、元ネタはオランダ商館付の医師、エンゲルベルト・ケンペルが十七世紀末に著した、「日本誌」であることがわかっている。

ケンペルはこの「日本誌」の中で日本の対外封鎖政策に触れており、これを享和元年（一八〇一）に志筑忠雄というオランダ通詞が「鎖国論」と訳して出版したことが、鎖国という単語が広まるきっかけになっている。

つまりそれまでは鎖国という言葉など存在していなかったわけで、幕府にしてみればあくまで、西国の大名たちが交易による利益で力をつけるのを防いだり、信徒たちの勢力が増しつつあったキリスト教の広がりを防いだりするために、国の玄関口を絞る外交政策を敷いたに過ぎなかったのだ。

事実、鎖国の始まりとされてきた一六三三年以降も、長崎や対馬を窓口にオランダや中国、朝鮮との交易は活発に続けられていた。もっといえば、当時は琉球王国やアイヌ民族との取引だって貿易の範疇である。

鎖国という言葉にはいまだに完全な閉鎖社会をイメージさせる響きがあるが、来る者に制約を設けはしても、それなりに対応していたのが当時の幕府のスタンス。最新の研究により、鎖国という言葉の解釈は今ではそうアップデートされている。


それでも、アジア圏に新たなマーケットを切り開こうと目論んでいた欧米からすれば、そんな閉鎖的な日本の政策は厄介でしかない。どうにか通商の場として開国させようと、説得の使者が次々に送られてくることになる。

具体的には弘化元年（一八四四）、長崎に入港したオランダの軍艦から日本に開国を促す親書がもたらされているし、その二年後の弘化三年（一八四六）には、アメリカ東インド艦隊がやはり開国を迫る親書をもって浦賀に来航している。

この時はいずれも突っぱねた幕府だったが、強まる外圧の中、いつまでもガードを固めてばかりもいられない。しかし、軍事力で大きく水を開けられる諸外国に門戸を開くのはあまりにもリスキー。そんなジリ貧状態に陥りつつあった日本の囲いは、浦賀からこじ開けられることになるのだった。

★日本は黒船来航を事前に把握していた

黒船とは西洋の軍艦の俗称であることはよく知られているが、実際に船体が黒く塗られたものが主流であった。そもそも蒸気船自体が物珍しかった江戸時代の人々からすれば、大砲を積んだ真っ黒な軍艦の姿は、絶大なインパクトがあったことだろう。当時の幕府は海軍を持っていなかったのだから、なおさら驚異に感じられたはずだ。

先述したように、いわゆる黒船来航（一八五三年）よりも前に、同じアメリカ東インド艦隊の黒船は浦賀沖に来航している。背景の大まかな流れとしてはまず、産業革命によって商品の大量生産に向かい始めた西欧諸国が、さらなる商圏拡大を狙って積極的にアジアへ進出していたのに対し、遅れを取っていたアメリカが、清や日本との交易を確立させるために組織したのが東インド艦隊である。

彼らはアヘン戦争が終わった直後の天保十五年（一八四四）に、清と条約を締結することに成功し、次に日本との条約交渉をまとめようと企んだ。

この時に東インド艦隊の司令官を務めていたのは、ペリーではなくジェームズ・ビドルである。日本の近代史上ではペリーの陰に隠れてしまっているビドルだが、日本の開国を語る上ではわりと重要な人物だ。

ペリーよりも七年早く（一八四六年）、浦賀へやってきたビドル。これは「天保の薪水給与令」発令の直後であり、意地悪に言い換えれば幕府が列強諸国の軍事力に怖気づいていた時期だから、タイミングは決して悪くなかったように思える。しかし、幕府は親書を受け取ることなくこれを拒否。「交易を望むのであれば、浦賀ではなく長崎へ回航せよ」との意向をビドルに伝えたというから、毅然とした外交態度に感心させられる。

とはいえ内心では、もしこの回答に気を悪くしたアメリカが強硬手段に出たら……という不安がなかったわけではないだろう。そしてそれは、半ば現実のものとなる。

日本との交渉において、何の成果も持ち帰ることができなかったビドルは、帰国後にかなり

「黒船来航絵巻」からポーハタン号（横浜開港資料館所蔵）

叩かれたそうだが、それでもこの接触によって得られた情報は、アメリカにとって無駄ではなかった。任務を引き継いだペリーはビドルの報告から、正攻法では日本の幕府は取り付く島がないと察したのだろう。次の使節団を組織するにあたり、彼は軍事力をはっきりと見せつける戦略を採ることになる。

ペリーは蒸気船を主力にアメリカ海軍の強化を推し進めた人物で、「蒸気船海軍の父」と言われる海軍教育の先駆者だ。日本からすれば一筋縄ではいかない実力派の軍人と言える。

一八五二年十一月、四隻の軍艦を率いてアジアへ向けて出航したペリー。乗組員の総数は九八八人という大部隊だった。そしてシンガポールや上海、琉球などを経由して、浦賀沖にやってきたのが嘉永六年（一八五三）の六月三日。世に言う黒船来航の瞬間だ。
しかし、幕府にとってこれは寝耳に水の事態ではなく、すでに前年、「オランダ風説書」を通してペリー来航の情報を得ていた。オランダ側がしたためた風説書には、アメリカが通商条約を目的に再び浦賀へ向かっていること、そしてご丁寧にも条件交渉におけるアドバイスまでが記されていたという。

このあたりは想像に拠るが、先に日本との交流をもっていたオランダとしては、開国後の日本で他国よりも有利に商売をしたい思惑があったはずで、日米の間でうまく立ち回って漁夫の利を得ようと考えていたのではないか。そこで日本には対アメリカにおける条件交渉の指南を行ない、アメリカには知る限りの日本の内情を伝え、両国の間でイニシアティブを握ろうとした——というのは、いかにもありそうな外交手法だ。

また、情報屋・オランダのおかげもあり、黒船来航時の庶民の様子も、我々が従来イメージしていたものとは大きく異なっていたことが近年明らかになっている。黒船の来航については、事前にかわら版が伝えており、その時期が近づくと、わざわざ江戸湾（東京湾と同義だが、これは後世に生まれた造語である）まで見物に出かける人が跡を絶たなかったというから、まさにお祭り騒ぎである。

かわら版とは江戸時代に登場した木版刷りの速報ニュースで、とりわけ江戸後期には人々の大切な情報源として機能していた。

街中で売り子がその内容を読み上げながら売り歩いたことから、またの名を読売とも言うこのかわら版、江戸前期には娯楽性を重視していたのか、妖怪譚などガセネタも多かったようだが、社会の発展に合わせて少しずつメディアとして進化を重ね、江戸後期には世界情勢を伝えるまでになっていた。

果たして、事前にかわら版が報じた通りに黒船の来航が現実のものとなると、沿岸には見物客があふれ、人々はその大きく黒い蒸気船の姿に「大海を渡る龍のようだ」と喝采を送ったという。

もちろん、これを侵略の始まりと捉えて恐れ慄（おのの）く人も少なくなかったようだが、この歴史上の一大事に際して、意外と呑気なムードがあったことに驚かされる。これも長い鎖国状態がもたらした平和ボケだろうか。

この時、幕府にとっても庶民にとっても想定外のことがあったとすれば、それはビドルの時とはまるで異なる、あまりにも高圧的なペリーの姿勢であった。

★本当は恐ろしいペリー提督

ペリーは出航の前年、日本開国に向けた基本計画を海軍長官に提出している。これによるとペリーは、日本遠征に際しては四隻の軍艦を用い、そのうち三隻は特に大型の蒸気船を率いることで、圧倒的な軍事力を見せつけようと画策した。このあたり、ビドルとは一味も二味も違うタカ派ぶりが窺える。

ちなみにこの時、東インド艦隊の向かう先がなぜ浦賀だったのかといえば、幕府が指定する長崎を窓口にした場合、オランダの妨害を受ける恐れがあったことが理由のひとつ。また、幕府が江戸湾に外国船の侵入禁止ラインを敷いていたため、ひとまずその手前にある浦賀に停泊ポイントを定めたという事情があった。

実際に日本の歴史が大きく動くことになったのは、嘉永六年(一八五三)の六月三日、時間にして午後四時のこと。

まずその姿を認めたのは三浦半島の突端に設置された見張所で、すぐに浦賀奉行所へ伝令が飛ばされた。見張所から浦賀奉行所までの距離は約二十キロで、早馬で一時間ほど。携えた内容は次のようなものだった。

「およそ三千石積みの舟四隻、帆柱三本立てるも帆を使わず、前後左右、自在にあいなり、……あたかも飛ぶ鳥のごとく、たちまち見失い候」

そのサイズ、姿、機動性に驚きを隠さない見張所からの迫真の第一報。すでに夕刻に差し掛かっている時間帯ではあったが、季節からしてまだ十分に陽があったと思われ、やがて沿岸に詰めかけた人々は、もうもうと盛大に煙を上げる黒塗りの船体をはっきりと目の当たりにすることになる。

ペリーの目的は、大統領がしたためた開国を求める親書を将軍に渡すことである。

そこで窓口となった浦賀奉行所は、与力の職位にある使者を副奉行であるとして黒船に送ろうとするが（※本当は副奉行という職は存在しない）、ペリーはこの使者の階級が低すぎることを理由に乗船を拒否。そこで翌日、今度は浦賀奉行を送るものの、「最高位の役人でなければ親書は渡せない」と、またしても門前払いされてしまう。

その頑（かたく）なな態度に浦賀奉行所は困惑しながら、「準備のために四日ほど時間がほしい」と申し出た。これに対し、ペリーのリアクションはやはり威圧的で、「三日だけ待つ。それでも親書を渡すにふさわしい身分の役人を派遣しなければ、兵を率いて上陸し、将軍に直接、親書を手渡しすることになる」と脅迫めいた返答をしている。相手が要求する数字を少し削って突き

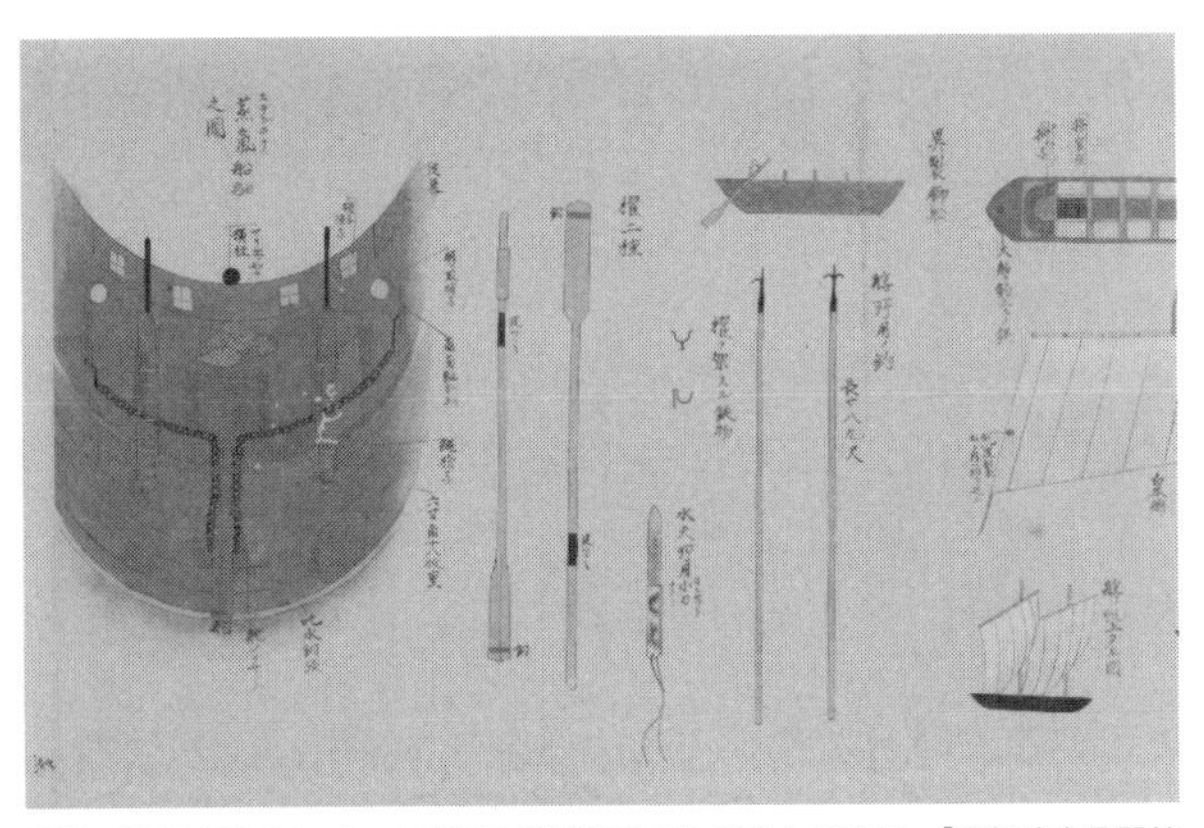

黒船の設備や積まれていた武器や道具類などを記録した絵図、「米船渡来見聞絵図」（出典：ColBase〈https://colbase.nich.go.jp/〉）。軍学者である山脇正準が見聞した内容を、乙部次義という人物が模写したものとされる

返すのは、現代の交渉事においても常套手段だ。

さらにこの日、ペリーは日本側の許可を受けることなく、武装した短艇を出して浦賀湊内を測量させるという挑発行為（いや、恫喝行為か？）まで行なっている。

どこまでもドライに任務を遂行しようとする強硬姿勢に驚かされるが、デキる軍人とはこういうものなのかもしれない。そしてそれ以上に際立つのは、事前にオランダを通してペリー来航を把握していながら、まったくの無策でこれを迎え撃った幕府の姿勢である。こと外交面に関して、日本がのんびり屋なのは今も昔も変わらないのだ。

ただしこの時、第十二代将軍家慶が熱中症から心不全を引き起こし、病床に伏していたという事情が幕府側にはあった。

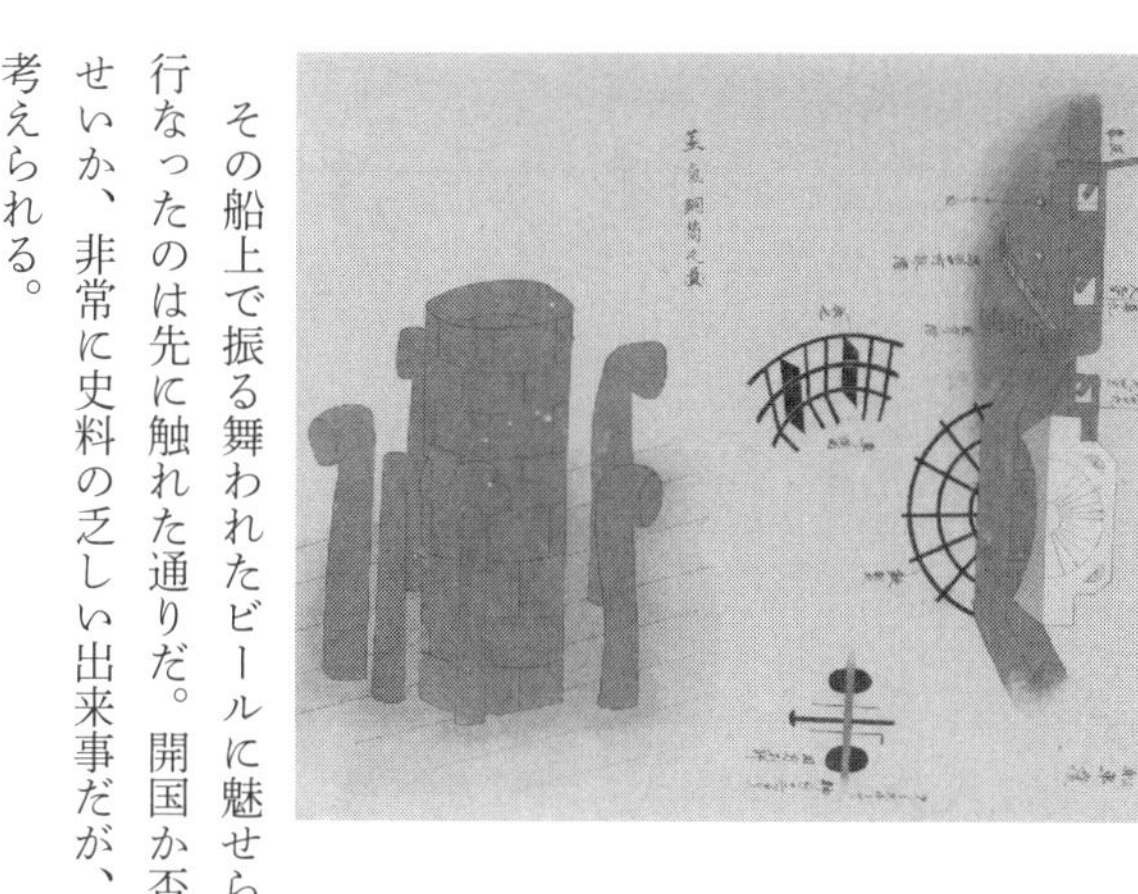

とても国家の重大事に対応できる状態になく、結局、黒船の来航から六日後、幕府は押し切られるようにしてペリー一行の上陸を許可することとなる。

久里浜（横須賀市東部）に応接の場を設け、陸を川越藩と彦根藩が、海上を会津藩と忍（おし）藩が警備する厳重な警備体制を敷き、浦賀奉行の戸田氏栄（うじよし）と井戸弘道がペリーとの会談に臨場。ここでようやく、日本は大統領からの親書を受け取ったのだった。

ちなみにこの際、通訳として黒船に乗り込んだのが、先に触れた川本幸民である。

その船上で振る舞われたビールに魅せられた川本が、この年のうちに自宅でビールの醸造を行なったのは先に触れた通りだ。開国か否かという大きな歴史の動きの中に埋もれてしまったせいか、非常に史料の乏しい出来事だが、日本とビールの初期の接点がまさにここにあったと考えられる。

フィルモア大統領の手によるこの親書の内容をかいつまむと、使節を派遣した目的は侵略ではなく、アメリカと日本が国交を結び、両国間で自由貿易を開始することであるとの前提がまず説明されており、日本がルールを改めて交易を承認すれば、「両国の利益極めて大なる事疑ひなし」としている。これはグローバリゼーションの中で生きる現代人の目線からすればまさにその通りなのだが、閉鎖的な島国に生きる人々にその視点を求めるのは酷だろう。幕府の側にそのメリットを理解する人間がどれだけいたかは疑問である。

また、親書にはこのほか、日本にアメリカの難破船員の保護を求めることや、アメリカの船舶に石炭や食料、水を供給する寄港地を国土の南岸に提供することなどが盛り込まれていた。そして、一定期間を経て利益がないと判断すれば、旧法に立ち返って再び交易を断っても構わない、とも。

幕府側がここで、将軍の病気を理由に「返答は一年待ってほしい」との要求を突きつけたのは、せめてもの意地だったのかもしれない。十分に〝脅し〟の手応えを感じていたペリーも、ここらが落とし所と考えたのか、これをすんなり承諾。実際は艦内の食料がそろそろ尽きつつあったため、補給地に向かわねばならなかったという説もあるが、ともあれアメリカとの歴史的な会談はどうにかいったん幕を閉じた。

しかし、この会談後もペリーはおとなしく引き返してはいない。浦賀から江戸湾を二十マイルほどして北上すると、江戸の港を一望できるポイントにしばし滞在し、大砲を備えた黒船の威容を幕府の中枢に見せつけるデモンストレーションを行なったのだ。おそらくは一年後の再来航を見据えての行動で、最後の最後までペリーは高圧的だったわけだ。

黒船がようやく日本を離れたのは六月十二日のことだった。ほんの十日間ほどの出来事ながら、江戸の人々にとっては刺激的でスリリングな時間であったに違いない。なかには黒船と幕府が戦争を始めることを懸念して、地方へ疎開した人もいたという。

しかし、本当の混乱の始まりは、むしろペリーが引き上げてからだろう。黒船が去ってからわずか十日後に、将軍家慶が逝去。十三代目を家定が後継するも、国内では鎖国を通すべきとする攘夷論が高まっており、政情はすっかり落ち着きを失ってしまう。

このあたりの幕末の動乱については本書の趣旨からはずれるため割愛するが、外圧との狭間で幕府の権威は下がる一方であり、この時期に様々な幕末スターが活躍、暗躍することになるのはよく知られる通りだ。

そんな中、アメリカの内情について調査を開始し、江戸湾沿岸に砲撃用の台場を造営するなど、最悪の事態に備えてはいた幕府だが、敵はここでも一枚上手であった。嘉永七年（一八五四）一月十六日、ペリーは予定よりも早く、今度は計九隻の軍艦を率いて再び浦賀にやってきたのだ。これは家慶の死を知ったペリーのしたたかな戦略で、国政が安定する前に一気に事を進めてしまおうとの思惑によるものである。

再度の浦賀来航の際、艦隊の一隻が横須賀沿岸の岩礁（がんしょう）域で座礁するトラブルがあったものの、大事には至らず。幕府は艦隊をサポートする動きを見せながらも、万一の事態に備えて諸大名に出陣を要請、浦賀一帯は再び緊張に包まれた。

その反面、庶民の間では前回同様、お祭り気分で成り行きを見守る向きも多く、幕府が見物を禁止したにもかかわらず、多くの人々が黒船を一目見ようと集まった。黒船来航をスケッチした絵画がいくつか存在するのもそのためで、なかには小舟を出して黒船に近づく剛の者までいたという。ペリー側の乗組員の記録に、「小舟に乗って、ビスケットを投げれば届きそうな距離まで接近してきた日本人もいた」との記述が確認されていて、慌てふためく幕府とは対照的な呑気さが感じられる。

ペリーとの会談に応じざるを得ない状況に追い込まれた幕府は、浦賀の近隣に一行を迎え入れる応接所を設けるよう浦賀奉行所に指示を出したが、アメリカ側がこれを拒否。表向きは「スペースが狭すぎて持参した土産の荷揚げもできない」というのがその理由だったが、実際

ペリーに随行したアメリカ人画家、ヴィルヘルム・ハイネが描いた「ペリー横浜上陸図」。ペリー一行と幕府の面々、野次馬たち、そして横浜の応接所が見て取れる（横浜開港資料館所蔵）

には浦賀の応接所が海上の艦隊の射程からはずれていたため、万一のリスクを踏まえてのことだったと言われる。

本音としては、江戸湾の進入禁止ラインの先に入り、少しでも幕府の中枢に近づきたかったペリーは、ひとまず金沢か金川（金沢は横浜市金沢区を、金川は神奈川宿周辺を指す）を会談の場とするのがふさわしいと浦賀奉行所に要求した。さらに「これ以上ごねるなら勝手に江戸に乗り込み、将軍に直談判（じかだんぱん）することも辞さない」と脅しを入れることも忘れず、幕府は結局、横浜村の浜辺に応接所を特設することを決めたのだった。

応接所の建造はまさに突貫だった。前回の久里浜で用いた木造の平屋をここに移築し、その周囲に控室や調理場など計五棟の施設を増築。

トータル百畳分の大工事である。

そして同年二月十日。早春らしい爽やかな晴天に恵まれたと伝えられるこの日、ペリーは礼装した士官や武装した陸戦隊員、水兵などを合わせて五百人近い人員（ちなみに日本側の記録では四四六人とされている）を率いて横浜に上陸し、二日前に完成したばかりの応接所で両国の会談は始まった。

なお、幕府はこの日のために、浮世小路（現在の日本橋）の高級料亭「百川（ももかわ）」に、五百人前の仕出しをオーダーしている。その内容についても詳しい資料が残っており、鮑と赤貝の膾（なます）、鰤子（ぶり）と豆腐の炊合せ、つみれ汁――などなど、百種類以上の食材がふんだんに用いられたという。

もっとも、総額二千両をかけたもてなしだったが、生物（なまもの）や薄い味付けは、ペリー一行の舌には合わなかったとの余談も伝えられている。将来、世界で和食ブームが起こることなど知るよしもない彼らには、もっとガッツリとした肉料理のほうが喜ばれたかもしれない。

★鎖国の終焉――国際化の舞台となった横浜

ペリーとの交渉役に選ばれたのは、林大学頭（だいがくのかみ）（本名・林復斎（ふくさい））という人物だった。林大学頭は幕府から明晰な頭脳と交渉力を買われた儒学者で、開国と通商を強く求めるペリーを前に理性

最初にペリーが訪れた久里浜には現在、ペリー公園が整備され、「ペリー上陸記念碑」が設置されている。「北米合衆国水師提督伯理上陸紀念碑」の碑文は、初代内閣総理大臣・伊藤博文の筆によるもの。太平洋戦争開戦中にはこの碑は引き倒されていたという

的なやり取りを行なったとされている。

　基本的に軍事力をちらつかせることを忘れないペリーは、この応接を祝してまず、艦隊から約五十発の空砲を発射。威圧することで交渉を有利に進めようという狙いは明らかだったが、林はこれに一切動じず、終始ペリーに対して毅然とした態度を取り続けたという。その模様は後に林がまとめた『墨夷応接録』という議事録に詳しい。

　たとえば、ペリーは会談の序盤で、先手を打ってこんな発言をしている（※以下、セリフ部分は筆者による要約）。

「我々はかねてより人命尊重を第一に政策を進めてきた。ところが貴国は近海の難破船を救助せず、海岸に寄れば発砲する。また、漂着した外国人を罪人同様に扱うと聞く。こう

した道義に反する行動を取るならば、我が国は隣国メキシコに対してと同様に、国力を尽くして雌雄を決する覚悟がある」

のっけから、戦争も辞さずというペリーの強い言葉。これに対して林は、こう返答している。

「たしかに戦争もあり得るだろう。しかし、貴官の言い分には事実誤認が多い。我が国は外国との交渉がないため、政情に疎(うと)いのはやむを得ないが、我々の政治は決して道義に反していない。三百年におよぶ太平の世は、人命を尊重してきたからこそのものだ。また、大洋で外国船の救助が行なえないのは、我が国が大船の建造を禁じてきたからである。さらに、他国の船が近海で難破した場合、食料や水の提供など十分な手当を行なってきた事実があり、漂着民を投獄することもない。漂着民については手厚く保護して長崎に護送し、オランダを通して送還している」

こうした具体的かつ理路整然とした林の態度は、さぞ予想外だったのだろう。ペリーは素直に事実誤認を受け入れたという。

他方、難破船の救助や保護、そしてアメリカ船への食料、燃料の提供については、日本側もすんなりと受託。問題は通商である。交易こそがアメリカの最大の目的であり、日本にとってはこれが堅守しなければならない最大の防衛ラインだった。

案の定、交渉はもつれにもつれた。「交易によって富強するのは世界の趨勢(すうせい)だ」とペリーが言えば、「日本は国内の産物で十分に足りている」と林が返す。そして最終的にペリーが通商の要請を取り下げることになった決め手は、林のこんな言葉であったという。

「貴官は先ほど、人命尊重が第一と申されたではないか。これについては貴官の目的は達成されたはず。交易と人命は無関係である」

この言葉にペリーはしばし沈黙し、いったん別室に退去している。完全に林に論破された形で、状況を整理する必要を感じたのかもしれない。

そして戻ってくると、「たしかに交易は国益には繋がるが、人命には関係がない。これについては取り下げよう」と、日本側の言い分を飲んだのだった。林の完全勝利である。

黒船来航に際し、幕府の対応は弱腰だったと伝えられることが多いが、実際には非常に理性的に交渉を進め、できるかぎり自国の言い分を通そうとしたというのが近年の考え方だ。

こうして大まかな条件交渉に目処がついたことで、残る主な議題は避難港の場所と開港時期、そして避難港におけるアメリカ人の諸権利についてとなった。会談は翌日以降も続けられ、結果的に一カ月にわたって行なわれることになる。

ついに条件のすり合わせが完了し、日米和親条約（神奈川条約）が締結されたのは、嘉永七年（一八五四）三月三日のことだった。二百年以上も続いた、実質的な鎖国政策の終焉である。

なお、この交渉にあたってペリーは様々な土産物を持参しており、そこにはライフル銃やミニ蒸気機関車、電信機などのほか、アメリカ産の酒が三樽ほど含まれていたという。

アメリカの酒というと、真っ先に思い浮かぶのはバーボン・ウイスキーだが、日本側の記録によると「土色をしておびただしく泡立つ酒」であったとされている。蒸留酒であるバーボンに発泡性はないから、これはビールと見てまず間違いないだろう。

ペリーがビールを手土産に持ってきたというのは、我らビール党にとって歴史のダイナミズムの中に埋もれたトリビアのひとつと言える。

★条文に仕込まれた歴史的な〝誤訳〟とは

全十二条からなる日米和親条約は、横浜から始まる文明開化を語る上で非常に重要だ。その内容は主に、日米の恒久的な友好を約束すること、日本はアメリカ船に燃料や食料などを供給すること、下田と箱館（函館）の二港を開港すること（下田は即時、箱館は一年後）などであった。

この時点では、通商の開始だけはどうにか阻止した日本。それでもアメリカが日本との国交樹立にこだわったのは、太平洋を横断する航路上、日本が最適な補給地であり避難港になり得るからだ。これはアメリカにとって、すでに条約を結んでいた中国との交易を拡大するうえで非常に重要なことだった。

彼らはこの条約の中でさらに、自国を最恵国待遇とすることを日本に約束させている。これはどういうことかというと、他の国と今後、アメリカとの条約よりも有利な条件で条約を結ぶことがあった場合、その条件をアメリカとの条約にも自動的に適用しなければならないというものだ。

実際このあと、日本がロシアと日露和親条約（安政元年十二月二十一日）を結び、それまでの下田、箱館に加えて長崎の港を開くことが決まると、アメリカに対しても即座に同様の条件が適用されている。

なお、この条項は片務（へんむ）的で、アメリカは日本を最恵国待遇にしていないことが、時にこの日米和親条約が不平等条約と言われる所以（ゆえん）である。

また、日米和親条約では必要に応じて、下田に領事の駐在を認めることが取り決められている。これによりアメリカからタウンゼント・ハリスという文官が遣わされ、アメリカは引き続き通商条約の成立に向けて粘り強く交渉を続けることになるのだった。

一方、ひと仕事終えたペリーは、横浜上陸から丸三カ月後に下田から出航した。後に彼は日本について、「どこを見ても、これほど絵のように美しい景色はない。艦上にいる者たちも含め、周囲の海岸を眺めて飽きることがなかった」とその風景を絶賛している。

さらには「いくつものつつましい村が入り江の沿岸に見え隠れし、それが周囲の自然と相まって、単調になりがちな湾の景観を美しく演出している」とも綴っていて、その村のひとつが横浜村であったことは間違いないだろう。

ハリスが下田港にやって来るのはその二年後の安政三年（一八五六）七月だが、ここでもひと悶着（もんちゃく）あった。日米和親条約に基づき、初代下田総領事として来日したと主張するハリスに対し、日本側はアメリカ人の日本居住は認められていないと反発。条約の第十一条では、「日米両国のどちらか一方が必要と認めた場合、調印から十八カ月以降であればアメリカは下田に領事を置くことができる」とされている、というのがハリスの言い分だった。

ところが、日本側の条約文では、「日米両国が必要と認めた場合、調印の日から十八カ月以降であればアメリカは下田に領事を置くことができる」となっていた。つまり、「日米両国のどちらか一方」ではなく「日米両国」が認めた場合でなければ、領事を国内に住まわすことはできないはずなのだ。

これは歴史的な誤訳が生んだトラブルであるというのが通説だが、日本側の翻訳担当者が江戸幕府に日米和親条約を認めさせるため、わざと書き換えたという説もある。海外事情に精通

開港当時の横浜の街並みを描いた「神名川横浜新開港図」（五雲亭貞秀・画）。横浜本町通りの賑わいが、当時は西洋の画法であった遠近法を用いて表現されている（国会国立図書館ウェブサイトから転載）

する訳者からすると、アメリカがしびれを切らして実力行使に出れば日本はひとたまりもないことを理解していたため、あえて恣意的な誤訳を交えて幕府の決断を後押ししたというのだ。もしこれが事実なら、アメリカの武力行使を未然に防いだ、知られざる英雄が歴史の陰に存在していたことになる。

ともあれ、あらためて日本に通商を迫るハリスの登場は、幕府からすれば一難去ってまた一難といったところだろう。

攘夷論が高まる中で幕府がハリスの言い分を無視できなかったのには理由がある。彼は清がイギリスやフランスと戦争中であることを挙げ、欧州勢がその後、日本に侵攻する可能性に言及。そこで対抗するには日米が手を組むほかないと、繰り返し説得を試みたのである。

これに対し、日本側の意見も真っ二つに分かれた。国力を高めるためには欧米諸国との交易が不可欠だとする意見と、これ以上の開国を許すまじという意見が、真っ向から対立したのだ。

そこで決断を下したのが、安政五年（一八五八）に大老の地位に就いた井伊直弼（なおすけ）であることはよく知られている。井伊直弼は開国に関しては慎重派であったと言われるが、外国との戦争よりも内乱を恐れた彼は、最終的にアメリカとの新たな条約の締結を決断している。こうしてこの年の六月に結ばれたのが、「日米修好通商条約」だ。

その主な内容は、自由貿易の解禁、江戸と大坂の市場の開放、そして神奈川、長崎、兵庫、新潟の開港などである。要は日本での商売を完全に認めた形で、本当の意味での開国はむしろこの時なのではないかと感じる。

一方で、関税自主権がなかったり、領事裁判権を認めさせられたりと、日本にとってやはり不平等条約だと悪名高い日米修好通商条約。しかし、これには誤解もあるようだ。

まず関税について言えば、条約締結時には一般品目は二〇％、建材や食料などは五％、酒類は三五％と設定されていて、欧米各国で取引される関税と遜色ない税率だった。また、アメリカ人が日本で罪を犯した場合、その裁判権をアメリカ領事が持つ領事裁判権についても、言葉の通じない罪人の処理を避けたい幕府にとっては、むしろ体（てい）の良い厄介払いに近く、条約締結時にこの点はまったく問題視されていなかったという。

不平等になるのは実は数年後のことで、一般税率が清やインドと同じ五％に変更されたことから、安価な輸入品が国内に流通するようになり、一気に輸入超過に陥ってしまったというのが真相だ。領事裁判権に関しても、この制度自体に問題があるというより、外国人が活動を許されるエリアが後に拡大したことがトラブル増加の直接的な原因である。もっとも、片務的な最恵国待遇を求められた点だけは今回も同様で、これについては不平等以外の何物でもないだろう。

なお、日本はこの直後の七月から九月にかけ、同様の条約をオランダ、イギリス、フランス、ロシアとも結んでいる。冒頭にアメリカのアを加えた〝アオイフロ〟の語呂合わせで暗記を試みた人も多いであろう、「安政の五カ国条約」である。

これにより、横浜を玄関口のひとつとして、日本はいよいよ初期グローバリゼーションの時代に突入するのだった。

★〝日本初〟がいっぱいの横浜

ペリーの横浜上陸から五年後。そして日米修好通商条約の締結から一年後。取り決めに基づいて、神奈川は海外貿易の窓口のひとつとして開港することになる。

しかし、神奈川は重要な通行路である東海道沿いにあり、その周辺は宿場町でもある。ここに多くの外国人が押し寄せれば、予期せぬトラブルが頻発するのは自明であると幕府は考えた。そこで開港場を横浜村に定め、これが安政六年（一八五九）六月二日に開港。〝港町ヨコハマ〟の始まりである。

ちなみに横浜市はこの六月二日を「横浜開港記念日」として、市立学校の休校日に制定している。昭和三十四年（一九五九）の開港百年祭を機に設けられた、市独自の祝日だ。横浜育ちの筆者としては、本来は祝日がない六月だけに、無上の喜びを感じたものである。市外の小中学生が通学しているこの日を狙って東京ディズニーランドへ出かけるのは、ハマっ子あるあるだろう。

さて、開港を機に、横浜を取り巻く環境は激変する。海外交易の入口となった横浜港は、金のなる「金港」と呼ばれるほど、商業港として繁栄を見せたのだ。

日米修好通商条約では定められた居留地に限って外国人の居住を認めており、横浜エリアでは現在の山下町と日本大通の東側にあたる山下居留地と、現在の山手町にあたる山手居留地の二カ所が設けられた。これにより、横浜の街を多くの外国人が闊歩（かっぽ）するようになる。

あらゆる産業で先を行く海外諸国にしてみれば、開国直後の日本はまさにブルーオーシャ

様々な文化が持ち込まれた横浜の街。なお、日本最初のホテルとされる「ヨコハマ・ホテル」は、残念ながら慶応２年（1866）の大火で焼けてしまった。写真は昭和２年（1927）に開業したホテルニューグランド周辺

ン。横浜は海外文化を全面に浴びながら、独特のムードを醸成していく。

そのため横浜には多くの〝日本初〟が持ち込まれている。たとえば万延元年（一八六〇）に外国人居留地内に建設された「ヨコハマ・ホテル」は、日本に初めてできたホテルだ。宿泊施設がなく不便だったこの地に、C・J・フフナーゲルというオランダ人の元船乗りが既存の日本家屋をリノベーションして創業したもので、横浜の外国人居留地で唯一、ビリヤードができる場所として人気を博したという。

日本初のパン屋も横浜で、万延元年（一八六〇）に内海兵吉という人物が開業したのが始まりだ。厳密に言えば、これより二十年近くも前の天保十三年（一八四二）に、伊豆韮

山の代官を務めた江川太郎左衛門という人物が、兵糧としてパンを焼いた記録が残っているが、これは水分をあまり含まない堅パンで、どちらかといえばビスケットに近いものだったとされる。そのため、ロバート・クラークというイギリス人が外国人居留地内に開いた「ヨコハマベーカリー」の衣鉢を継いで打木彦太郎がオープンした、「ヨコハマベーカリー宇千喜商店」こそが現代に連なるパンの系譜の元祖とされ、店舗は令和の今も「ウチキパン」として横浜で存続している。

このほか、競馬の発祥も横浜である。まず文久二年（一八六二）、横浜新田に仮設された横浜新田競馬場が日本初の洋式競馬場であり、その後、慶応二年（一八六六）には根岸に横浜競馬場が常設されている。

さらには文久三年（一八六三）に日本初の牛乳搾取所がスタートし、明治三年十二月八日（一八七一年一月二十八日）には日本初の邦字日刊新聞「横浜毎日新聞」が創刊。明治二十三年（一八九〇）には日本初の電話サービスが東京・横浜間で開通するなど、〝日本初〟を挙げていけば枚挙に暇がなく、興味のある方は『横浜もののはじめ物語』（斎藤多喜夫・著、有隣新書）をぜひご覧いただきたい。

そんな横浜で日本のビール産業が産声をあげるのは、何ら不思議なことではないだろう。横浜の変遷はここでようやく、日本ビール産業の祖、ウィリアム・コープランドの来日と活躍の歴史に接続するのである。

幕末に登場したビールは、決して外国人だけに好まれたわけではなかった。酒好きは文化の壁を容易に越えるということなのか、横浜を訪ねた際にビールを嗜む人は多かったようで、後にコープランドが日本市場の開拓に注力するのも、そうした様子に手応えを感じてのことに違いない。

特に開国後、使節団としてアメリカに派遣された面々の中には、ビール党になって戻ってきた者も少なくなかったと聞く。欧州使節団の一員を務めた福沢諭吉もまた、ヨーロッパ外遊の途中でビールにハマった一人である。

そもそもが大の酒好きであったと伝えられる彼は、著書『西洋衣食住』の中で「『ビィール』と云ふ酒あり。是は麦酒にて、其味至て苦けれど、胸膈を開く為に妙なり。亦人々の性分に由り、其苦き味を賞翫して飲む人も多し」とビールについて綴っている。

要は、苦みはあるが飲めば胸の内を明かしたくなる酒だと評していて、皆でワイワイ楽しむのにうってつけなビールの醍醐味を、鋭く洞察しているとも取れる。

三十代になって体調を崩し、飲酒を控えなければならなくなってからも、諭吉が「ビールは酒にあらず」と言って毎夜の晩酌を辞めなかったのは、知る人ぞ知るエピソードだ。

★明治新政府が推し進めたビール産業政策

いわゆる明治維新が起きた一八六八年。元号が新たになると、新政府の意向もあり、いっそう日本の近代化に拍車がかかる。

たとえば東京・横浜間の交通手段である。まず、江戸の永代橋と横浜の間を蒸気船が行き来するようになり、京浜間をおよそ二時間で繋いだ。さらに陸上においても、横浜に居留する外国人の手により、乗り合いの四輪馬車が開業。日本人にとって馬車は珍しかったため盛況を博し、後に日本人事業者による参入もあったという。

さらに明治三年（一八七〇）には、やはり京浜間を人力車が結び、首都圏の人流はいっそう活発になる。

そしていよいよ鉄道が東京・新橋から横浜まで開通するのは、明治五年九月十二日（一八七二年十月十四日）のことだ。当時の新橋・横浜間の運賃は一円十二銭五厘（上等席）。一円で数十キロの米が買えた時代であることを踏まえれば、庶民にとってはなかなかの高級路線であったことがわかる。

それでも日本初の鉄道は人々の憧れの的だったようで、この年の十月四日から十日までの一週間で、二万六千人超の人員を輸送したという記録が残っている。

一方ではこの頃、スプリング・バレー・ブルワリーのほかにも、大小いくつかのブルワリーが醸造を開始し、国内のビール市場はいっそう活性化していく。ここでビール産業の発展を後押ししたのは、何を隠そう明治政府である。

開国したからには欧米諸国に対抗できる強い国にならねばならない。それは平たく言えば軍事力の増強で、そのためには金がいる。そこで政府は国家の経済基盤を固めるため、西洋の知見や技術を積極的に取り入れながら産業の育成を目指し、殖産興業政策を推し進めることになる。この際に用いられたスローガンが富国強兵だ。各分野で官営工場が次々に新設され、その第一号である群馬県の富岡製糸場が平成二十六年（二〇一四）に世界遺産に認定されたのは記憶に新しいところだろう。

明治政府はその一環としてビール産業にも着目。そこで明治九年（一八七六）に設立された官営ビール醸造所が、札幌の開拓使麦酒醸造所だ。察しの良い人にはおわかりの通り、サッポロビールの前身である。

その反面、競争が激しくなれば、誰かが煽りを受けるのが世の道理。割りを食ったのは他ならぬ、コープランドだった。

この頃、スプリング・バレー・ブルワリーの近隣には、明治八年（一八七五）にE・ウィーガントというドイツ人醸造家が立ち上げた「ババリア・ビール」というブルワリーが存在し、限られた市場を互いに食い合っていた。それはやがて低価格競争に陥り、どちらにも薄利多売の厳しい経営を強いる悪循環が始まる。

そんな不効率な戦いに歯止めをかけようと、コープランドはある日、ウィーガントに直談判し、協業を提案する。それによって生まれたのが「コープランド・アンド・ウィーガント商会」で、コープラントが経営面のマネジメントを、ウィーガントが醸造を担当するという二強体制で、有力なブルワリーが誕生したかに見えた。

しかし、結果的にこの協業は長続きせず、工場経営の方針で激しく対立した二人は、ものの四年でコープランド・アンド・ウィーガント商会を解散。醸造所をコープランドが買い取ったことにより事業はもうしばらく継続したものの、結局はこの時の負債が原因で、スプリング・バレー・ブルワリーは明治十七年（一八八四）に倒産してしまうのだった。

しかし、これで横浜におけるビールの灯が消えたわけではない。倒産の翌年にあたる明治十八年（一八八五）、公売にかけられたブルワリーの跡地に、在留外国人たちの手によって「ジャパン・ブルワリー・カンパニー」（以下、ジャパン・ブルワリー）が誕生するのだ。

この時、ジャパン・ブルワリーの設立を支援したのは、スコットランド出身の商人トーマス・グラバーだった。長崎県の観光名所、「旧グラバー住宅」の主として広く知られるグラバーは、幕末期に来日した武器商人で、小菅修船場（こすげしゅうせんば）の建設や高島炭鉱の開発に携わるなど、日本の近代化に大きく貢献した人物である。

グラバーの支援を受けたジャパン・ブルワリーでは、ドイツスタイルのビールづくりを目指して準備を進めることになる。ドイツ製設備の導入、ドイツ産原材料の調達、さらにはドイツ人ブルワーを招聘（しょうへい）する徹底ぶりで、とにかく高品質なビールの生産体制を構築した。

ドイツといえば今日、千五百以上ものブルワリーを擁する世界有数のビール王国である。さらに付け加えるなら、「ビールは麦芽・ホップ・水・酵母のみを原料としなければならない」とする、一五一六年に制定された「ビール純粋令」を今も維持し、ビールの品質にとにかく厳格な国だ（ちなみにこのビール純粋令は、食品に関する世界最古の法律として名高い）。そんなドイツのビールはこの当時、世界のお手本とされていたようで、日本でもジャパン・ブルワリーに限らずドイツ風ビールの生産が主流になっていた。

そして明治二十一年（一八八八）、ジャパン・ブルワリーは現在も大手小売事業者として名をなす明治屋を販売代理店に、初めての製品を世に送り出す。これがラベルに東洋の霊獣・麒麟をあしらった「キリンビール」であった。

★キリンビールに噂される坂本龍馬との関係

なぜ麒麟がモチーフに採用されたのかといえば、この当時、海外産のビールのラベルには動物をあしらった物が多かったため、東洋で縁起の良い動物をアイコン化しようと考えたというのが一般的な定説だ。しかしもうひとつ、興味深い都市伝説がある。

麒麟といえば、龍のような頭部と馬のような四肢を持つ独特の造形が特徴だ。〝龍〟の頭と〝馬〟の胴体。これが坂本龍馬を表しているという説があるのだ。

実際にはキリンビールの麒麟の胴体は、馬ではなく鹿をモチーフとしていることから、あくまで与太話の範疇ではある。しかし、岩崎弥太郎は龍馬と同じ土佐の生まれで、生前に親交があったことで知られ、一方のグラバーもまた、龍馬が設立した日本初の商社「亀山社中」と取引があり、彼の熱心な支援者であったことが知られている。そんな二人が、この新ブランドに若くして世を去った坂本龍馬への想いを込めたとしても、何ら不思議はないように思える。

他方、その間には官営ビール醸造所として、東京に日本麦酒醸造会社が(明治二十年)、大阪に大阪麦酒会社が(明治二十二年)設立されている。

キリンビールのシンボルになった神話上の生物、麒麟。龍、鳳凰、亀と合わせて、すべての動物の長となる瑞獣の１つに数えられる（画像提供：キリンホールディングス株式会社）

ただ、明治三十四年（一九〇一）に政府が富国強兵を理由に麦酒税を設定すると、中小ビールメーカーは次々に廃業に追い込まれてしまう。前年には国内に百社以上あったブルワリーは、わずか一年で二十三社にまで数を減らし、これによってビール業界の大再編が進む。

明治三十九年（一九〇六）には日本麦酒、札幌麦酒、大阪麦酒の官営大手三社が合併し、大日本麦酒株式会社が誕生。七割近い市場占有率を誇るビッグブランドで、この大日本麦酒株式会社が戦後、財閥解体によって朝日麦酒（現・アサヒグループホールディングス）と日本麦酒（現・サッポロホールディングス）に分割されることになる。

そしてその翌年、ジャパン・ブルワリーは三菱財閥の傘下となり、こちらは麒麟麦酒株式会社と名を変えている。

キリンビールの前身、「ジャパン・ブルワリー・カンパニー」創業の地は現在、キリン園公園として整備されている。巨大な「麒麟麦酒開源記念碑」が鎮座する

ちなみに四大ビールメーカーの残る一社であるサントリーホールディングスは、この少し前、明治三十二年（一八九九）に葡萄酒の製造販売を目的とする鳥井商店として開業済みだが、ビール事業をスタートするのは昭和に入ってからのことである。

その後の変遷をもう少しだけ追っていくと、ビール市場の急拡大を招いたのは大正三年（一九一四）の第一次世界大戦がきっかけだった。物資不足に陥った欧州からのオーダーが相次ぎ、日本経済が勃興する特需が発生。とりわけ製造業の活況は目覚ましく、これによって農村から都市部へ顕著な人口流入が起きた。

つまり、サラリーマン層が劇的に増加したわけで、自ずと仕事帰りにビールを楽しむ人々も急

解説板の台座に残る、往時の建物の痕跡が何とも言えないロマンを感じさせる

増。まさに風が吹けば桶屋が儲かるような話だが、記録によれば第一次世界大戦が開戦した大正三年の時点で約四万三三三三キロリットルだったビールの生産量は、五年後の大正八年（一九一九）には約十一万六七六六キロリットルと、三倍近くに伸びている。日本中がビール党であふれるのも当然だろう。

その後、大正十二年（一九二三）に発生した関東大震災では、麒麟麦酒も甚大な被害を受けている。

推定十万五千人もの死者・行方不明者を生んだ史上最大規模の災害により、醸造所は全壊、移転を余儀なくされたのだ。なお、移転先は現在もキリンビールの横浜工場が置かれる鶴見区生麦である。

コープランドによる創業の地はこれをもってす

べての役割を終え、現在はビール井戸など北方小学校周辺にいくつかの痕跡を残すのみとなっている。

跡地の一部は現在、キリン園公園として整備され、その敷地内には「麒麟麦酒開源記念碑」が設置されている。閑静な住宅街に囲まれた巨大な石碑は絶大なインパクトがあるから、ビール好きなら一度詣でる価値はあるだろう。傍らに設置された解説板の台座には、倒壊前の建物に使われていた煉瓦があしらわれており、否が応でも往時を偲(しの)ばせる。

付近の坂道が「ビヤザケ通り」と呼ばれるのも、かつてここをビールの樽を積んだ馬車が毎日のように通っていたことに由来している。コープランドが自宅で開いたビアガーデンがあったのもこのあたりだったはずで、その頃の活況を想像しながらぶらぶらぶらと歩いてみるのも一興ではないだろうか。

第2章 クラフトビールの夜明け

★ビールはいかにして日本の食卓に浸透したのか

幼少の頃、父が毎晩ビールを嗜む様子を、少し不思議に思いながら眺めていた。なぜ日本酒でもワインでもなく、いつも当たり前のようにビールなのだろう、と。

ちなみに我が家はキリンビール派で、近所の酒販店から中瓶がケース単位で届けられていたのを覚えている。配達員がビールケースを抱えて勝手口に回り込む様子は、今にして思えばいかにも昭和的でなんだかほっこりさせられる。

父は帰宅するなり風呂に入るのが常で、その間に母が夕食の仕上げをする。風呂からあがってきた父は食卓につくと、広げた夕刊に目を落としながら、グラスに注いだビールをぐびぐびやり始める。そして二度、三度と喉を潤すとおもむろに箸をとり、料理をつまむ。これが我が家の日常の風景であった。

あの頃の父はなぜ、こうも毎晩ビールを飲んでいたのか。その日の気分や気候によって他の選択肢があってもいいと思うのだが、夏でも冬でもまるで儀式のように必ずビールだった。翻ってそれは、なぜ日本人はこんなにもビールが好きなのか、という疑問と同義でもある。

それなりに酒を知った今、日本酒やワインよりもアルコール度数が低く、適度な炭酸で爽快

長らく当たり前の習慣として根付いてきた、「とりあえずビール」。なぜ、現代の日本人はこれほどビールが好きなのか？

感が味わえるビールは、仕事疲れを癒すのにうってつけと理解はしている。しかし、そこには何かもうひとつ特別な理由があるように思えてならない。

その理由の一端を、ビールの歴史の中に見つけることができた。

前章で詳しく触れてきたように、横浜で産声（うぶごえ）をあげたビール産業は明治維新以降、近代化の波にのって飛躍的な発展を遂げてきた。

国の富国強兵策の一環で産業としての基盤が整えられたビールは、第一次世界大戦による好景気で急拡大したサラリーマン層に好まれ、一気に市民権を得ることになる。第二次世界大戦が始まった昭和十四年（一九三九）には年間三十一万キロリットルの生産量が記録されており、当時の清酒の生産量が四十万キロリットルだったことを踏まえれば、とてつもない勢いで市場を拡大していたことがわかるだろう。

問題はその後である。第二次世界大戦の戦況悪化に伴い、原料の調達や生産、そして流通に厳しい統制が敷かれたことから、ビール産業を取り巻く事情は一変する。今日ではあまり語られることのない事実だが、ビールは昭和十七年（一九四二）以降、酒類配給公団によって各世帯に毎月二本の瓶ビールが支給される、配給制に移行していたのだ。

物資不足から配給本数は次第に減っていくことになるが、ここで着目したいのは、酒を飲まない世帯にも問答無用でビールが配られていた点である。

持て余したビールを飲まずに他所へ譲った世帯もあるだろうが、この機にビールで晩酌を試みた無関心層もきっと多かったはずで、結果的にこれが家庭にビールを浸透させる下地になったのは間違いないだろう。

つまりビールはこの時期に半ば刷り込みのごとく各家庭に浸透した一面を持ち、それがそのまま戦後、そして高度成長期へと引き継がれていったと考えれば、ビールが晩酌という様式美の主役になり得たのも合点がいく。

酒類配給公団はその後、昭和二十四年（一九四九）にＧＨＱの意向で廃止され、ビールの供給は国が認めた指定販売業者に委ねられることになる。

なぜ国がこれほど酒類の供給に口を出したがるのかといえば、それはやはり酒税の確保が目的だ。酒類配給公団が廃止されたこの当時、税収全体の中で酒税は約一六％を占めており、現在のそれが約三％に過ぎないことからすると、酒類の供給を牛耳ることが国策としていかに重要であったかがわかるだろう。

なお、この指定販売業者制度もまた、昭和二十八年（一九五三）の酒税法全文改正により廃止が決まる。日本において本当の意味で酒類の自由な流通が始まるのはここからだ。

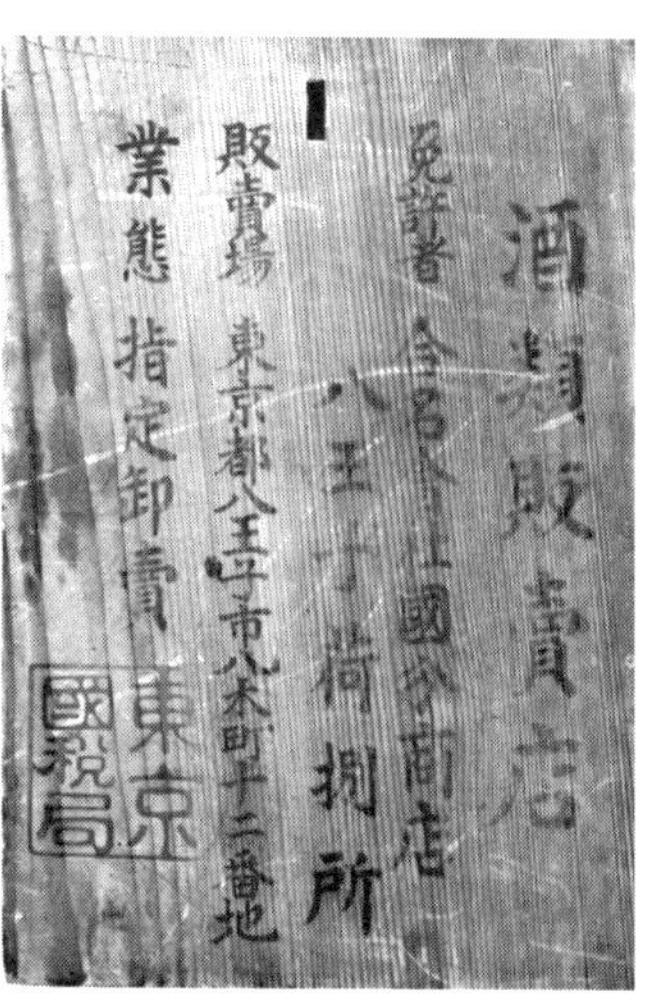

昭和24年 酒類の指定販売業者の看板（出典：国税庁ホームページ https://www.nta.go.jp/about/organization/ntc/sozei/network/176.htm）

果たして、昭和中期からの爆発力はさらに凄まじいものがある。とりわけ昭和四十年（一九六五）から昭和五十年（一九七五）までの十年間を見れば、ビールの生産量は実に九七％アップとほぼ倍増し、約四百万キロリットルに達している。

日本を席巻したビールは、仕事に疲れたサラリーマンたちの喉を存分に潤し、確実に心を摑んだことで、世に多くのビール党を生み出した。高温多湿なこの国において、端麗でドリンカブルなラガービールを中心に売った業界の戦略もずばりとハマり、人々は喉越しで味わう酒の旨さに開眼したのだった。

その後、オイルショックでビール市場は一時的に停滞するものの、各メーカーの企業努力の賜（たまもの）と言うべきか、すぐに勢いを取り戻している。

★サントリー参入で出揃った〝大手四社〟

話は前後するが、ジャパン・ブルワリーにルーツを持つキリンビールのほか、戦後の財閥解体によって大日本麦酒株式会社からアサヒビールとサッポロビールが分かれてできたことは前章でも触れた通り。

さらに明治三十二年（一八九九）に創業した鳥井商店は、壽屋（ことぶきや）洋酒店、株式会社壽屋と社名変更を重ねながら、しばらくワインやウイスキーの販売に注力していた。ビール事業への参入は、先行する三社よりだいぶ遅れて昭和三十八年（一九六三）になってからで、同社はこのタイミングでサントリー株式会社と名を変えている。

当時すでに三社によって市場が寡占状態にあったことを思えば、「やってみなはれ」で有名な同社らしい果敢な挑戦だったと言えるが、やはり苦戦は避けられず、業界内での万年四位状態がしばらく続く。サントリーの快進撃が始まり売上げトップ（※令和四年時点）の座に輝くのはもう少し先のことである。

余談だが、同社の社名由来として、創業一族の「鳥井さん」をひっくり返してサントリーとした、という有名な話がある。しかし、筆者も長年鵜呑みにしていたこの説は、まったくのデマであることが数年前にあるテレビ番組の中で明らかにされている。真相は鳥井商店時代の看板商品、「赤玉ポートワイン」の赤玉マークを太陽に見立て、「サン」と「鳥井」を組み合わせて生まれた名称ということらしい。

また、一時期までビール業界は、先の四社にエビスビールを含めて〝五大ブランド〟と括られることもあった。

エビスビールはサッポロビールの前身である日本麦酒醸造会社時代に招聘された、カール・カイザーというドイツ人ブルワーが明治二十三年（一八九〇）に醸した「恵比寿ビール」がその原点である。二十世紀初頭には世界的な評価を得ていたが、ビールが配給制に移行していた昭和十八年（一九四三）には、いったんブランドは消滅。我々が知るエビスビールは昭和四十六年（一九七一）に復刻してからのものである。

そうした変遷の中、後に〝大手五社〟の一席に収まることになったのは、沖縄のオリオンビ

沖縄の代名詞的存在とも言えるオリオンビール。端麗でマイルドな喉越しは、沖縄の気候と食文化にぴったりだ

ールだ。こちらはまだ沖縄がアメリカ統治下にあった昭和三十二年（一九五七）、文字通り焼け野原からの復興途上にあったこの地に第二次産業を興そうと、名護町（現名護市）に設立されたもの。当時の社名を沖縄ビール株式会社といった。

ちなみに創業の前年、総勢二十八人の発起人が集まった協議の席では、麒麟麦酒株式会社（当時）との技術提携を当て込んで「沖縄キリンビール株式会社」の社名が準備されていたという逸話がある。ところがこの提携話が破談になったことから、「キリン」を抜いて沖縄ビールの社名が採用されている。

現在定着している「オリオンビール」のブランドは、創業当時に一般公募によって選ばれた商品名で、創業から二年後の昭和三十四年（一九五九）に社名もこれに統一された。

こうして昭和中期頃から、次第に商品ラインナップが多様化していった日本のビール業界。たとえば、昭和五十一年（一九七六）にキリンビールが開発した「マインブロイ」は、通常の製品よりも熟成期間を長くとり、よりホップの香りを強く感じさせるプレミアムビールとして話題を集めた。各社ワンブランドの体制にも少しずつ変化が起き、昭和六十一年（一九八六）にはキリンから「ハートランド」が、サントリーから「モルツ」が登場するなど、日本のビールシーンはいっそう賑やかになっていく。

そして極めつけは昭和六十二年（一九八七）にリリースされた、「アサヒスーパードライ」だろう。その名の通り、従来よりも苦みを抑えたドライな設計は、日本の食生活の変化に合わせたもので、バブル景気と相まってまさしく飛ぶように売れた。初年度から一三五〇万ケースを出荷した怪物ぶりは今や伝説で、長らく先行三社の後塵を拝したアサヒビールの会心の一撃であった。

また、沖縄の代名詞的存在として抜群のネームバリューを持っていたオリオンビールは、平成十四年（二〇〇二）にアサヒビールと業務提携を結んでいる。これにより、オリオンビールの一部商品が本土でも入手しやすくなったことは、ビールファンにとっても沖縄ファンにとっても幸いだった。

こうしてビールは日本の重要な産業として経済を支えることになるわけだが、いつまでも右肩上がりではいられない。盛者必衰の理(ことわり)は、ビールにも当てはまるのだった。

★ターニングポイントを迎えた平成六年

ビール市場のピークは平成六年(一九九四)で、オリオンビールを含めた大手メーカー五社が発表したこの年の出荷量は、約五億七二〇〇万ケースに達している(発泡酒や新ジャンルを含む)。ちなみにビールの場合、一ケースは大瓶＝六三三ミリリットルで二十本換算とするのが通例だ。

平成六年というのが、筆者を含む団塊ジュニア世代が次々に成人した時期と重なることを踏まえれば、このピークが飲み手の母数に後押しされているのは間違いないだろうが、ビールがいかに国民に浸透したかが窺える数字と言える。

その後は緩やかに出荷量を減らしていき、およそ四半世紀を経た平成三十年(二〇一八)の年間出荷量は三億九三九〇万ケースと、三割減にまで落ち込んだ。

それでも巨大市場を維持していることに変わりはないのだが、途中で人口増加のピークを迎えていながら、なぜ先にビール市場のピークアウトが起きたのか。一般的によく指摘される原因は、製品の多様化と若い世代のビール離れだ。

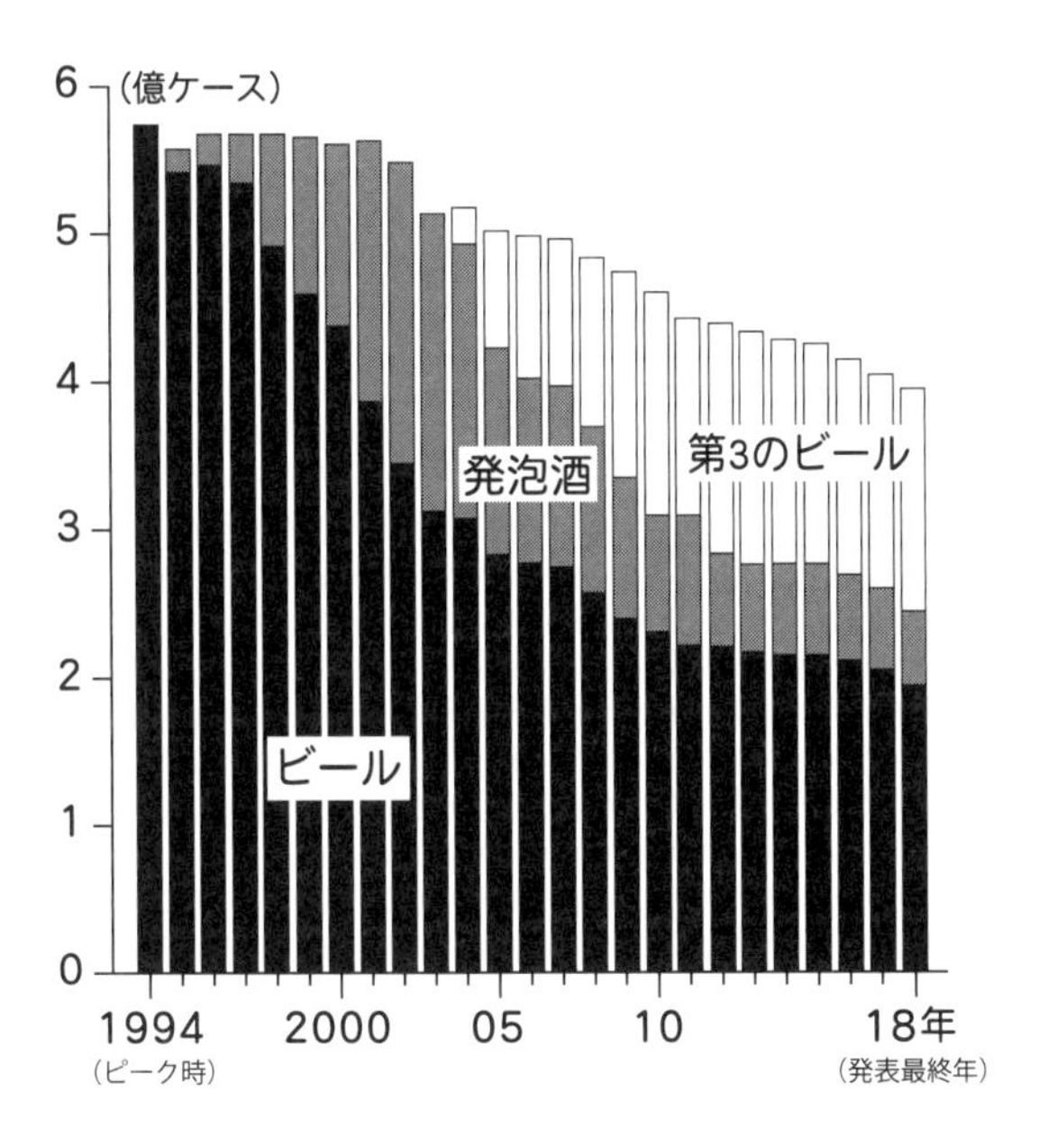

大手メーカー５社
ビール類出荷量の推移

製品の多様化は経済や商業の発展の証しであり、サワーや酎ハイなどビール以外の選択肢が充実するのは飲み手にとってむしろ良いことだろう。

たとえば二〇〇〇年代以降には、サントリーの仕掛けでハイボール・ブームが起きたのは記憶に新しく、これにより喉を思いっきり潤したい最初の一杯目の選択肢は明らかに増えた。つまり、必ずしも「とりあえずビール」ではなくなったわけで、これには人々の健康志向の高まりから、糖質ゼロのハイボールに一定のパイが流れた側面もあるだろう。

もう一方の若い世代のビール離れについては、令和の世を見れば確かに明らかだ。いわゆるミレニアル世代（およそ一九八〇～一九九五年の間に生まれた世代）やZ世代（一九九〇年代半ばから二〇一〇年代の序盤に生まれた世代）は、一部の体育会系気質の人たちを除けば、そもそも酒の席との接点が極めて薄れているように見える。

先輩の誘いは絶対というのはとうに時代遅れで、宴会の類いに強制参加を促すのは今やハラスメント扱いである。まだ地域や業界により温度差はありそうだが、アフター5（ファイブ）（これも古いか）に飲みに行きたくても、都合の良い相手を見つけられない上司の悲哀というのも近年よく耳にする。そこへ来てのコロナ禍は、職場での飲み会消滅を後押しする止（とど）めの一撃のようにも思える。

私見だが、酒は身近な先達に牽引（けんいん）されて関心を深める分野であるから、これではビールに限らず若い世代に酒類への興味が育まれないのも当然かもしれない。

ところで、前出の平成三十年（二〇一八）を最後に、大手メーカー五社によるビールの年間出荷量の発表は控えられている。というのも、小規模業者が生産するクラフトビールや、大手販売店によるＰＢ商品（プライベートブランド）が増加し、大手五社の出荷量で市場規模を表すことに無理が生じてきたためだ。

とくにクラフトビールは近年すっかり市場に定着し、街にはクラフトビール専門のパブが急増。さらに全国各地に小規模醸造所が続々と誕生する状況が続いている。

実はこのクラフトビール誕生の発端となる出来事が、奇しくもビール市場がピークアウトに向から平成六年（一九九四）の四月に起きている。酒税法の改正である。端的にいえば、それまで年間二千キロリットルを最低製造数量としていた規制が、この法改正によって六十キロリットルへと大幅に緩和されたのだ。

二千キロリットルといっても、大方の読者にはあまりピンとこない数字だろう。これは大瓶換算で約三一六万本分、毎日九千本近くを売り続けてどうにかクリアできる制約で、よほどの資本力がなければ到底実現できない数量である。

長らくビール市場を大手メーカーのみが支配していたのはそのためで、これが小規模事業者にも開放されたのが平成六年というわけだ。

★神奈川から始まったクラフトビールの歴史

クラフトビールの夜明けと同義である平成六年（一九九四）の酒税法改正。この規制緩和を後押しした立役者が、神奈川県厚木市にいる。日本のマイクロブルワリー（小規模醸造所）の祖として名高い、サンクトガーレン有限会社の代表、岩本伸久氏だ。

修道院醸造所としては世界最古とされる、「Stiftsbezirk St.Gallen（ザンクト・ガレン修道院）」を社名の由来とする同社は、酒税法改正前からビールづくりに取り組んできたこのジャンルの草分けである。

といっても、もちろん法を犯してビールを醸していたわけではない。サンクトガーレンがいかにして未開の地であった日本のクラフトビール市場にコミットすることになったのか、岩本氏にこれまでの足跡を簡単に振り返っていただいた。

「大学卒業後、父が営む会社に勤め始めたことが私のキャリアのスタートです。父は長らく種鶏（しゅけい）用のワクチンを輸入販売する商社を営んでいましたが、この分野は厚生省による締め付けが厳しく、先行きが見通しにくかったことから、新規ビジネスを模索していました。そんなある

日、香港でたまたま出会った飲茶に目をつけ、『ぜひこれを日本で広めたい』と商売替えをした矢先のことでした」（岩本氏）

厚木市に飲茶工場とそれを売る店舗を開いたところ、バブル景気も手伝ってこれが大当たり。店舗数はあっという間に三十店舗に増え、さらなる事業拡大を目指し、アメリカへの出店計画が持ち上がったタイミングでジョインしたのが岩本氏だった。

アメリカ担当として、社会へ出るなり日米を頻繁に行き来する生活を送ることになった岩本氏。エールビールと出会ったのも、そんな多忙な最中のことだった。

「実はそれまでビールはあまり得意ではなかったのですが、初めて口にするエールビールの華やかな味わいがすっかり気に入ってしまいました。ビール事業をやるのは父の長年の夢でもあったことから、どうにか日本でもこういうビールがつくれないだろうかと、漠然とイメージを膨らませていきました」

そこで立ちはだかるのが、酒税法が定める年間二千キロリットルの最低製造ラインだった。先に解説した通り、これは毎日九千本近くの大瓶を売らなければクリアできない規制で、日本でビール事業を立ち上げるのはとても現実的ではなかった。そこで岩本氏親子は、「日本でつくらせてもらえないなら、アメリカでつくって日本へ持って行けばいい」と〝逆輸入〟の手法を思いつく。

ビールづくりのノウハウなど知る由もなかったが、そこでアメリカという地の利が生きる。日本と違ってアメリカは自家醸造に寛容で、多くの州で年間百ガロン（約三七八リットル）まで個人で酒をつくることが許されている。そのためホームブルーイングを趣味とする人が珍しくなかったから、ビールづくりを教わる相手には事欠かなかったのだ。

知人にレクチャーを受けながら、実際にサンフランシスコで営む飲茶店の一角でビールの醸造を始めたのは、平成五年（一九九三）のこと。もともと才能があったのか、それとも知人の指導が適切だったのか、繰り返しビールを仕込むうちにクオリティはどんどん上がり、やがて仲間内だけでなく飲茶店の客にもビールを提供するようになった。これが知る人ぞ知る人気商品となったことで、俄然、〝逆輸入〟作戦は現実味を帯びてくる。

しかし、日本でこの自家製ビールを売るには少なくない輸送費がかかる。日本の市場に見合った価格に設定できなければ、無名のメーカーがつくったビールなど見向きもされないだろう。また、ラガービールに慣れきった日本で、エールビールがどこまで受け入れられるかもわからず、事業化にはまだまだいくつもの障壁があった。

そこで岩本氏はまず、六本木の自社店舗でノンアルコールのエールビールを醸造し、テスト販売を開始する。アルコール度数が一％未満であれば酒造免許は不要であるから、これなら何も問題はないわけだ（ちなみに、この時に岩本氏が六本木で醸していたノンアルコールビールこそが、現代の日本のクラフトビール第一号であるとする声は多い)。

一方、岩本氏がサンフランシスコで仕込むビールは、アメリカ本土でも着々と評価を上げていた。やがてその人気ぶりから、「日本はなぜ、これほど優れたブルワーにビールをつくらせないのか!?」とアメリカのメディアが騒ぎ始めたことが、ひとつのターニングポイントだっただろう。

背景にはこの当時、アメリカが日本に市場開放を強く要求していた流れがある。アメリカ側からすれば、岩本氏というブルワーの存在は、日本の産業規制の象徴としてうってつけだったわけだ。

サンクトガーレン有限会社の代表、岩本伸久氏

外圧は強まる一方で、やがて日本の世論を動かし、行政の重い腰を上げさせる。その結果が平成六年(一九九四)の酒税法の改正だったというわけだ。

岩本氏はこれを受けて、平成九年(一九九七)、神奈川県厚木市にビール工場を設立し、ビール事業に本腰を据えるが、やがて飲茶事業が低迷したことで、徐々に経営は行き詰まっていく。最終的に自社でビールづくりができなくなったのを受け、岩本氏は退職を決意し、平成十四年（二〇〇二）にサンクトガーレン有限会社を立ち上げることになる。

岩本氏親子、そしてサンクトガーレンを取り巻く黎明期のエピソードは、今をときめくクラフトビール市場の知られざる裏面史と言っても過言ではないはずだ。

一人のクラフトビール愛好者として、酒税法改正の舞台裏でこうした奮闘があった事実を、これからも語り継いでいかねばならないと切に感じている。さらなる詳細については、ぜひ拙著『日本クラフトビール紀行』（イースト・プレス）をご一読いただきたい。

★地ビールの勃興と凋落

ビール産業発祥の地が横浜なら、クラフトビール産業発祥の地は厚木。共に神奈川から歴史の幕が開いたのは興味深い符合だが、これは単なる偶然に過ぎない。

この酒税法改正によって勃発したのが、第一次地ビールブームである。全国で新規参入が相次ぎ、オリジナルビールの生産が活発化したのだ。なかでもいち早くビールの醸造免許取得に乗り出したのが、新潟県の上原酒造（当時）だった。

「越後鶴亀」の銘柄で知られる同社は、明治二十三年（一八九〇）創業の清酒蔵で、現在の五代目蔵元・上原誠一郎氏は、上原木呂（きろ）名義で活動するアーティストでもある。上原氏は二十代の頃、美術留学を目的にヨーロッパで十数年暮らした経験があり、現地のブルーパブの雰囲気を肌身で知って以来、「日本にもこんな空間があれば」と夢を持ち続けていたことは、クラフトビール業界では有名な話だ。

上原氏が酒税法改正を待ち構えていたかのように動き出したのも自然な流れで、平成六年（一九九四）の十二月には早くもビールの醸造免許を取得。翌年二月にリリースされた記念すべき地ビール第一号が、今も人気を博す「エチゴビール」である。

これと同時に出来立てのビールを提供する「エチゴビール・ブルーパブ」（※現在は閉店）が新潟市内にオープンすると、詰めかけた客が連日長蛇の列をなし、観光バスが立ち寄る新潟の新たな名所となる。

その盛況ぶりを見た全国の自治体や観光事業者たちは、オリジナルビールは観光資源になり得るとあらためて確信したに違いない。

こうして華々しく幕を開けた日本のクラフトビール産業。それまでは特定の観光事業者が自前でビールをつくったり、地域の名産品を原材料にビールをつくることなど考えられなかったから、ビール好きな日本人が次々にこの商材に飛びついたのも当然で、エチゴビールに続く事業者が続々と参入する。

国税庁が毎年まとめている「酒のしおり」をひもとくと、平成六年度に計六つの事業者が地ビールの製造免許を取得したのを皮切りに、平成八年度（一九九六）には百三、平成九年度（一九九七）には二〇九、そして平成十一年度（一九九九）には二六四もの事業者がカウントされている。

一人の飲み助として記憶をたぐれば、確かに九〇年代後半はそれまで見たこともない多様なビールが次々にリリースされ、実に賑々（にぎにぎ）しいムードが感じられた。当時、二十歳そこそこの青春時代（?）を謳歌していた筆者は、池袋に醸造設備を備えたブルーパブを見つけ、盛んに女性を伴って利用したものである（若僧なりの必勝デートコースだったのです）。

店内で醸造されたビールというのがまず格別で、そこでしか飲めないプレミア感は良きスパイスとなった。さらに醸造タンクがインテリア然と薄闇に映える店内の風景も洒落ていて、父親の晩酌のお供でしかなかったビールが、こうもスタイリッシュに化けるものかと感激したのを覚えている。

しかし、化学の知識と確かな技術を必要とするビールづくりは、決して甘い世界ではなかった。エチゴビールのようにもともと醸造技術を持っている事業者は少数で、大手メーカーが高品質なピルスナーを売りまくる中、にわかに生まれた小規模醸造所が真に美味しいビールを醸すのは至難の業。そのため、多くの地ビールは既存のビール党の支持を得ることができず、〝物珍しいお土産品〟にとどまっていたのが実情だった。

また、ビールをビジネスとして成立させるノウハウを持つ事業者が少なかったことも、ブームの終焉を後押しした。

ビールはワインやウイスキーのように高単価で売るのが難しく、どうしても薄利多売にならざるを得ないジャンルである。そんな製品特性が事業プランから抜け落ちていたのか、地ビール解禁の活況に押されて初期投資を頑張り過ぎた事業者が散見されたことは、地ビールブームの大きな特徴だろう。

それゆえ、負債に押し潰されるようにして早々に姿を消した醸造所は枚挙に暇がない。平成十二年（二〇〇〇）には、ミレニアムの活況を他所に全国の醸造所数は早くも減少に転じ始め、ブームは比較的あっさりと終息に向かうのだった。

観光開発の一環として勝負に出たくなる気持ちも理解できるが、ビールはこの時点ですでに成熟市場であり、舌の肥えた消費者が主体である。最低限、大手がつくる既成のビールと張り合える品質でなければ、お話にならないのも当然だろう。何より、クラフトビールは小規模醸造であるため、大手のラガーより高値を付けざるを得ないのだから尚更だ。

おかげでクラフトビールに対して「高いのにさほど旨くない」というイメージが広まってしまった感があり、令和の今になってもそれを理由にクラフトビールを敬遠する人をしばしば見かける。これを負の遺産と言わずして何と言おう。

さらに背景にはバブル崩壊後の長引く不景気があり、それに合わせて大手各社がリーズナブルな発泡酒を市場に投入したことも、小規模事業者にとっては逆風だった。

結果、無計画な事業者、品質が今ひとつの醸造所から順に退場していくことになる。個人的にこのあたりの時期を〝淘汰の十年〟と呼んでいる。

★〝地ビール〟から〝クラフトビール〟へ

もちろん、酒税法改正の直後に開業した醸造所の中には、そうした逆境を乗り越えて今も元気に存続しているところも少なくない。

たとえば筆者が日頃から愛飲している醸造所の中から挙げてみると、秋田県のあくらビールや三重県の伊勢角屋麦酒、滋賀県の長浜浪漫ビール、大阪府の箕面ビール――などなど、これらはすべて第一次地ビールブームの最中に登場した古参ブランドだ。

彼らがなぜ今日まで存続できたのかといえば、ひとえに旨いビールをつくっていたからということに尽きるだろう。しかし、クラフトビールの市場全体がシュリンクしていく状況は当然逆風で、各社は一様に〝淘汰の十年〟を「苦しかった」と振り返る。

実際、先陣を切ったエチゴビールも、二店舗目のブルーパブをオープンしたり、新工場を建造して量産体制を整えたりと業務拡大に積極的だったが、これが徒(あだ)となって平成二十二年（二〇一〇）の七月には新潟地裁に民事再生法の適用を申請している。負債総額は約八億九七〇〇万円にのぼった。それでもビール事業が株式会社ブルボンの完全子会社となって現在も存続していることはフリークにとっては幸いだが、まさに地ビールバブルの崩壊を象徴する出来事だったと言えるだろう。

こうした厳しい状況下でもどうにか販路を守って難局をサバイブした第一世代の生き残りが、後のクラフトビール市場再興への緒(いとぐち)を維持してきたことが、今日の活況に繋がっているわけだ。

平成八年（一九九六）に鳥取県で創業した大山(だいせん)Ｇビールの醸造元、久米桜(くめざくら)麦酒株式会社の田村源太郎社長は、当時の状況について次のように振り返る。

「まだクラフトビールという言葉もない時代でしたが、すでに全国に先行する事業者が存在していたので、何社か視察させてもらった上でこれは面白そうだと直感し、ビール事業に乗り出すことを決めました。平成八年に久米桜麦酒株式会社を立ち上げ、醸造スタートがその翌年。当時はレストランを併設してビールを売る形態がスタンダードだったのですが、私共には飲食店経営のノウハウがなかったので、食品関係の卸業務も手掛ける地元のガス会社グループと組んで、ビール事業とレストランを立ち上げました」

大山Gビールは日本四名山のひとつに数えられる名峰・大山の麓に誕生した醸造所である。醸造所と一緒に売り場を設けるには少なくない先行投資を要するが、結果的にはこの戦略が奏功した。同社が運営するレストラン「ビアホフ　ガンバリウス」（以下、ガンバリウス）は、現在も山陰のビールファンが多く集まる人気店となっている。

世間にとってエールビールがあまり馴染みのないものだった時代にありながら、「ガンバリウス」がオープン当初から盛況だった要因について、田村氏は「なんと言っても水でしょう」と胸を張る。

「大山は古くから山岳信仰の聖地とされてきた山で、入山が厳しく制限されてきました。おかげで一帯に広大なブナ林が育ち、そこから良質の伏流水（ふくりゅうすい）が得られます。この伏流水を存分に使えるのは大きいですよ。創業当時から、ビールの品質にはかなり自信を持っていました」

久米桜麦酒株式会社の田村源太郎社長（写真提供：久米桜麦酒株式会社）

こうして地域の特色、ロケーションの強みを生かしてビールがつくれるようになったのも、クラフトビールが解禁されたからこそである。

もちろん、だからといって〝淘汰の十年〟を楽にやり過ごしたわけではなかった。世の中にビアバーという形態が今ほど多くない時代ゆえ、つくったビールをどこで売ったものか各社が頭を悩ませる中、大山Gビールは「ガンバリウス」の運営を中心に地域に根を張り、苦しい時期にも「どうにか最低限の売上げを保っていた」（田村氏）という。

品質の確かな醸造所が苦戦を強いられながらも生き長らえ、市場を守ってきたことにより、クラフトビールに再興の兆しが見え始めたのは二〇〇〇年代半ば頃からだった。

これは各社のブルワーたちが研鑽に励み続け、地

今では夏場の定番的イベントの１つとなっているビアフェス。つくり手ごとの個性、ビールの多様性を肌身で感じる絶好の場だ

道に経験を積んだ賜物で、自ずと製品のレベルが向上したことが一因だろう。これによりクラフトビールは少しずつ巷の好感を得るジャンルへと成長していく。こうなると、一定レベルに達していないお土産ビールが一掃されたこともプラスに捉えるべきかもしれない。

少しずつ、だが着実に固定ファンを増やしてきたことで、やがてはっきりとクラフトビールブームは再燃する。そもそも日本人は古来より醸造を得意としてきたのだから、これは決して意外な展開ではないだろう。

また、このあたりの時期から全国でビアフェスが企画され、盛り上がりを見せるようになったことも大きいように思う。

各地に土着するブルワーが一堂に会するビアフェスは、それだけで全国を旅しながら飲み歩く疑似体験になり得るし、何よりビールほど屋外で映える酒はない。ビールは家庭や酒場で楽しむだけでなく、フェスティバルのモチーフになり得るものへと、華麗なるアップデートを遂げたわけだ。

黎明期には一貫して「地ビール」と呼ばれていたこのジャンルが、「クラフトビール」の名称で括られるようになったのも、おそらくこの頃だったと記憶する。

「地ビール」というネーミングが地酒のニュアンスでその土地由来であることを示していたのに対し、マイクロブルワリーの製品は必ずしもその土地の産品として売られるものではないから、これは実に絶妙な呼称に思える。

個性は土地だけでなくつくり手にも由来するもので、愛好家にとっては、「どこのブルワリーがつくったビールか」、「どんなブルワーがつくったビールか」に一定の価値がある。これこそがまさに〝クラフト〟の醍醐味だろう。

★なぜ酒を勝手につくってはいけないのか？

そんな浮き沈みを経て、今日ではすっかり市民権を得ているクラフトビール。しかし、そもそもクラフトビールとは何なのか。今更ではあるが、その定義を問われた時、一体どれだけの人が明確に答えられるだろう。

実はこれはなかなか難しいクエスチョンだ。「craft」を直訳すれば「手技」となることから、手工芸品のように職人が手づくりしたビールというイメージがなんとなく浸透しているが、実際それ以外に言いようがないのが実情で、クラフトビールという言葉の定義はいまだに曖昧なところがある。

筆者は説明を求められた場合、単に「小規模醸造のビール」と答えるようにしているが、最近では『よなよなエール』で有名なヤッホーブルーイングのように、大量生産、大規模展開のブランドも珍しくない。キリンビールが〝キリン渾身のクラフトビール〟と銘打って『SPRING VALLEY 豊潤』をリリースした際などは、その豊潤な味わいが大いに人気を博す一方で、うるさ型のマニアから「大手が渾身の力でつくった製品がクラフトビールとはこれいかに」とツッコミが入りまくったのが印象的だ。「小規模醸造＝クラフトビール」とするのも、そろそろ限界が生じているのかもしれない。

ただ、ここで明言しておきたいのは、世に言うクラフトビールと大手四社が生産するビールは、はっきりと文脈が異なるものであるということだ。大手のラガービールが富国強兵のための国家戦略的産業であったのに対し、クラフトビールがつくり手の側によって勝ち取られた文化であることは、前出・サンクトガーレンのエピソードが示す通りである。

	種類	内訳
酒類 アルコール度数1%以上の飲料（酒税法第2条）	発泡性酒類	ビール、発泡酒、その他発泡性酒類
	醸造酒類	清酒、果実酒、その他醸造酒
	蒸留酒類	連続式蒸留焼酎、単式蒸留焼酎、ウイスキー、ブランデー、原料用アルコール、スピリッツ
	混成酒類	合成清酒、みりん、甘味果実酒、リキュール、粉末酒、雑酒

酒税法が定める酒類の内訳

「酒造免許というのは〝つくっていいですよ〟という免許ではなくて、無闇につくらせないための免許なんですよ」

　これは以前、筆者があるブルワーに何気なく言われた言葉である。たしかにライセンスとは本来、何かを公的に許可する性質のものであるはずだから、これは実に深いニュアンスを含む言葉だったと反芻（はんすう）している。

　ご存知のように、酒をつくるには免許が必要だ。これは酒税法に基づくライセンスで、正式には「酒類製造免許」という。

　酒税法では「酒類」をアルコール度数一％以上の飲料と定義付けた上で、発泡性酒類、醸造酒類、蒸留酒類、混成酒類の四種に分類している（※本稿執筆時点）。

このうちビールや発泡酒が属しているのが発泡性酒類であり、日本酒やワインは醸造酒類、ウイスキーやブランデーは蒸留酒類、そして混成酒類には各種リキュールやみりんなどが含まれている。蛇足になるが、みりんはあくまで酒類なので、コンビニで購入する際には年齢確認を求められる商品である。

そして現行の酒税法では、酒類製造免許を受けずに酒類を製造した者に対し、十年以下の懲役又は百万円以下の罰金に処すことが取り決められている。この禁止規定が生まれたのは明治三十二年（一八九九）のことだから、我々はかれこれ百年以上も前に生まれた法律によって自家醸造を禁じられていることになる。

なぜこうした法律が必要だったのかといえば、これもやはり富国強兵策の一環で、酒税を円滑に納付させることが目的だ。

一説によると、国は本来、酒の自家醸造を文化として大切にしたい意向であったそうだが、酒造業者から富裕層の自家醸造の規制を求める強い声があり、半ば押し切られるように規制に踏み切った経緯があるという。

なぜなら、自家醸造は貧困層よりも富裕層が盛んに行なっていたそうで、これを禁じれば自分たちの製品がもっと売れるはずというのが酒造業者側の言い分だった。その理屈はごもっともながら、酒税目当ての国の締め付けとイメージしていたこちら側からすれば、これは少々意外な構図である。

実際に規制が敷かれたのは明治二十九年（一八九六）。日清戦争が勃発して徐々に財政面が苦しくなった政府は、文化がどうしたなどと言っていられなくなり、十円以上の国税を納税する富裕層の自家醸造を禁止した。

まさに欽定憲法そのもので、現代人の視点からするとあまり腑に落ちない展開だが、これも戦争のために資金を蓄えることが優先された時代ならではのことだろう。富国強兵の大義の前には、個人の自由など二の次だったわけだ。

そしてそれからわずか三年後、自家醸造は全面的に禁止されることになる。前出のブルワーが言う「酒造免許とは無闇につくらせないための免許」という言葉の本質も、まさにここにある。

★規制緩和に期待される地域経済の活性化

そもそも家庭で酒をつくるという行為自体に、あまりピンときていない人も多いかもしれない。しかし、地域によってはかつてそれが、伝統的な風習となっていたケースは少なくない。その好例がどぶろくだろう。

どぶろくとは米と米麹、水を原料とする醸造酒で、日本酒との違いは製造過程で発生する醪

某地域の鄙びた酒場で出会ったどぶろく。アミノ酸が豊富で美容や健康に良いと言われる

を濾して取り除くか否か、と考えるのがわかりやすい。漢字で「濁酒」と書くように、とろみのある白濁した液体に仕上がるのが特徴だ。

　よく甘酒と混同されるが、甘酒が米と米麹を主原料とするのに対し、どぶろくはそこに酵母を加えて醸造する点に違いがある。つまり、発酵の際に生じるアルコールを含んでいるのがどぶろくであり、一方の甘酒のアルコール含有量はごく僅かで、市販の甘酒は基本的にソフトドリンクとして売られている。さらに付け加えれば、どぶろくを濾したものがにごり酒で、こちらは日本酒の一種である。

　どぶろくは家庭でも比較的つくりやすい酒であることから、無免許での酒類醸造が禁じられたあとも、東北地方などの一部の農家でつくり続けられてきたことはよく知られている。もちろん違法行為にあたるわけだが、これは黙認されてきたというよりも、その大半が自家消費であったため、摘発が難しかったのが実情だろう。

今でもたまに、地方の鄙(ひな)びた街で老夫婦が営むような酒場に飛び込むと、無邪気に〝自家製〟と銘打ったどぶろくを売っているのを見かけることがある。それが許認可を得たメーカーがつくって卸した「自家製」という触れ込みの商品なのか、それとも文字通り自前で醸したどぶろくなのかは、ぱっと見ではわからない。

いや、法制化されている以上、合法な製品であるに決まっているはずなのだが、田舎の老夫婦が昔ながらの製法でこしらえたどぶろくであるならどんなに素敵なことか――と、勝手に夢想せずにはいられない。実際にはいちいち出自を確認することなく、黙って美味しくいただくことにしているが、これもローカルを旅する際のちょっとしたお楽しみだ。

ただし、どぶろくの場合はいくつかの地域が「どぶろく特区」に認定されていることも付け加えておきたい。

これは平成十四年（二〇〇二）の行政構造改革の際、地域振興を目的に設けられた構造改革特別区域のひとつで、どぶろく特区ではどぶろく製造と、その地域の飲食店や民宿などで消費されるケースに限り、販売が許可されている。酒税法ではどぶろくの年間最低製造量を六キロリットルと定めているが、どぶろく特区ではこれをクリアせずとも醸造が許され、今も各地で申請が相次ぎ、着々とその数を増やしている。

世界遺産・白川郷の伝統行事、どぶろく祭。ルーツはなんと1300年前とも言われ、白川村の５つの神社で神事、獅子舞、民謡や舞踏などが披露される（写真提供：岐阜県白川村役場）

どぶろくは日本酒よりはるかに長い歴史を持っており、古来より豊作を願う神事などに使われてきた神酒だ。たとえば世界遺産として広く知られる岐阜県・白川郷では、村内の神社では毎年どぶろくづくりが行なわれていて、秋にはどぶろく祭が開催されている。五穀豊穣や家内安全、そして里の平和を祈願してどぶろくを山の神に捧げ、来場する人々に振る舞われるのだ。こうしたイベントが地域振興に通じていることは言わずもがなで、どぶろく特区の実現は地方創生の観点からも国の粋なはからいと言えるだろう。

どぶろくは本来、最高の地酒である。その土地ならではの風味と慈愛がたっぷりと詰まっていて、他の地域から訪れたツーリストからすれば、これほど思い出に残るご馳走はないはずだ。もっとも、これも飲んべえの勝手な視点かもしれないが。

いっそ、こうした小規模醸造を完全に自由化してしまえば、過疎に喘ぐローカルに新たな名産を生むきっかけとなり、いくらか財政を支えることに繋がるのではないかと思うのだがどうだろう。

それは昨今のクラフトビールブームが証明していることでもあり、めぼしい売りのなかった地域にマイクロブルワリーが誕生し、それが旅の目的地のひとつとして機能しているケースだってある。現に最近ではこうしたムーブメントに着目し、マイクロブルワリーを旅の目的、旅のコンテンツに据えた、ビアツーリズムを企画する旅行会社もあるほどだ。

また、ここ数年はふるさと納税の返礼品としても、各地のクラフトビールの存在感は増している。酒税収入の拡大に躍起になるばかりでなく、地域振興に舵を切ったほうが有意義という議論はもっとあっていいはずだ。

★それでも酒税が〝おいしい〟理由

もっとも、ここのところの酒税収入の激減ぶりを見ていると、そうも言っていられないのが国の本音かもしれない。なにしろ令和二年度（二〇二〇）の酒税総額は約一・一三兆円で、クラフトビールが解禁された平成六年度（一九九四）の約二・一二兆円から半減してしまっているのだ。

しかしこれはコロナ禍による酒場不況が原因であるから、アフターコロナ、ウィズコロナの世界ではいくらか盛り返すことになるだろう。それでも人々がステイホームで宅飲みに慣れてしまった今、飲食店の苦戦はまだしばらく続くはず。

こうして酒が財源として心許ない現状については国税庁にも焦りがあるようで、令和四年（二〇二二）には日本産酒類の需要を喚起するためのアイデアを募る、「サケビバ！」キャンペーンが展開されたことは記憶に新しい。

コロナ禍を機に人々のライフスタイルが大きく変化していく中、日本のアルコール市場をいかに盛り上げ、発展させていくべきか、その具体策を広く集めようとしたこのビジネスコンテスト。筆者自身も告知を見て、何か妙案をひねり出してみようと張り切ったものの、残念ながら対象は三十九歳以下の成人に限定されていた。

ところが、このキャンペーンがネット上で軽く炎上。税金を使ってまでやるべきことなのかと、あちらこちらで異議が噴出した。

当時のツイッター上の発言をざっと追ってみると、たとえば日本文学研究者のロバート・キャンベル氏は《気持ち悪いなぁー　国税庁による若者向け「日本産酒類の発展振興を考えるビ

新ジャンルなどを含めた“ビール類”は、まさしく百花繚乱。好みの１本を見つけるのもひと苦労だが、それもまた楽しい

ジネスコンテスト」。カツカツのヤング世代に「酒をもっと飲め！」と刷り込む前に「アルコール離れ」で実現する健康寿命の延伸、労働生産性上昇、医療費削減等で財源稼ぎにフォーカスした方が良くね？》（原文ママ。以下、同）と、酒とズブズブの生活を送る中年世代にとって耳の痛いコメントを発信。

　また、「2ちゃんねる」創始者のひろゆき氏は《日本酒の販売促進って国税庁がやる仕事？》と疑義を呈し、医師の木下喬弘（たかひろ）氏は《私も飲酒しますが、国がわざわざ推進するというのは他国から見たら奇異に映ると思います。》と反応している。すべての酒と酒造業界の味方でありたい筆者からすれば、急所を突かれた思いではある。

　ただし、ひろゆき氏のツイートに関して言えば、あくまで目的は酒税にあるから、繰り返し述べてきたようにこれは立派に国税庁の仕事の範疇だろう。税収全体に占める割合は昔ほどではなくても、国からすればこれほど効率よく税金を徴収できるものはない。

というのも、酒税の税率は非常に高く設定されていて、現在はビールの大瓶（六三三ミリリットル）で四七・五％と、驚くような数字がまかり通っている。消費者からすれば、これにさらに消費税がプラスされるのだから、国は我々に酒を飲ませたいのか飲ませたくないのかよくわからなくなってくる。

こうした二重課税の問題はたばこやガソリンにも当てはまり、しばしば「税金にまで課税するのは不当ではないか」との議論が起きている。これに対する国の言い分は、製造者は納税義務者であり、税金分も原価の一部として転嫁されているため妥当であるというものだが（要するに税もコストの一部と言っている）、おそらく今後も消費者から不満の声はあがり続けるに違いない。

少し話が逸れたが、つまりはこれほど旨味のある酒税は国もぞんざいにできないのが実情なのである。

実際、ビールまわりの税率は頻繁に見直されているが、それも第三のビール（新ジャンル）など少しでもリーズナブルに製品を消費者に届けたい飲料メーカーとのいたちごっこに過ぎない。メーカー側がビールにかけられる高い課税を回避するために、ビールテイストの新製品を開発すれば、すぐさま国がそこに新たな課税を設定する、といったことが繰り返されているのだ。

具体例を挙げれば、キリンビール一社が提供する製品だけを見ても、ビールに括ることができるのはラガーやハートランド、一番搾りシリーズなどで、淡麗シリーズは発泡酒、本麒麟やのどごしシリーズは新ジャンルに属している。いささかややこしいが、我々に少しでも安くビールを飲ませようと、各メーカーがこうして企業努力を重ねてくれているのはありがたいかぎりである。

なお、平成三十年（二〇一八）の酒税法改正時に、以降、令和二年（二〇二〇）、令和五年（二〇二三）、令和八年（二〇二六）と三段階で酒税が改定されることが決まっている。これにより、ビールや発泡酒、第三のビールと複雑に分岐してきたこのジャンルの製品を、最終的に「発泡性酒類」として一本化し、税率を一律にする計画が着々と進行中だ。

わかりやすくなっていいと思われるかもしれないが、これは必ずしも消費者にとって良い話ではない。ビールの税額こそ現状よりも引き下げられるものの、発泡酒や第三のビール（新ジャンル）の税率は上がるからだ。

同様の計画は醸造酒においても進行中で、日本酒とワインの税率は令和五年の改定時に一本化される予定だ。これによって日本酒の税率は引き下げられ、ワインは逆に引き上げられることになるから、こちらもワイン愛好家サイドから非難の声があがるのは必定だ。

少なくとも、こうした複雑で不安定な課税方式に消費者が振り回されるのは、あまり健全な世界とは言えないだろう。

★いまだグレーな日本のホームブルーイング

ついでと言ってはなんだがもうひとつ、法と酒の関係に絡めて触れておきたいテーマがある。ホームブルーイングの解禁だ。

前述したように、アルコール度数一%を超える酒類を勝手に醸造すれば、十年以下の懲役又は百万円以下の罰金に処せられる。法を犯せば相応の刑罰が下るのは当然のことであるから、それ自体に異論はない。そもそも、自分でつくるよりもコンビニへ買いに行ったほうが手軽で安く、確実に美味しいビールにありつけるのだから、ホームブルーイング解禁を望んでいるのは、ごく一部の層に過ぎないのが現実だろう。

それでもあえてこうしたテーマを持ち出すのは、ホームブルーイングの自由化が、確実にクラフトビールの裾野を広げることに繋がると信じているからだ。

酒税法改正によってビールの小規模醸造が広まった直後、なぜ〝淘汰の十年〟が起きたのか

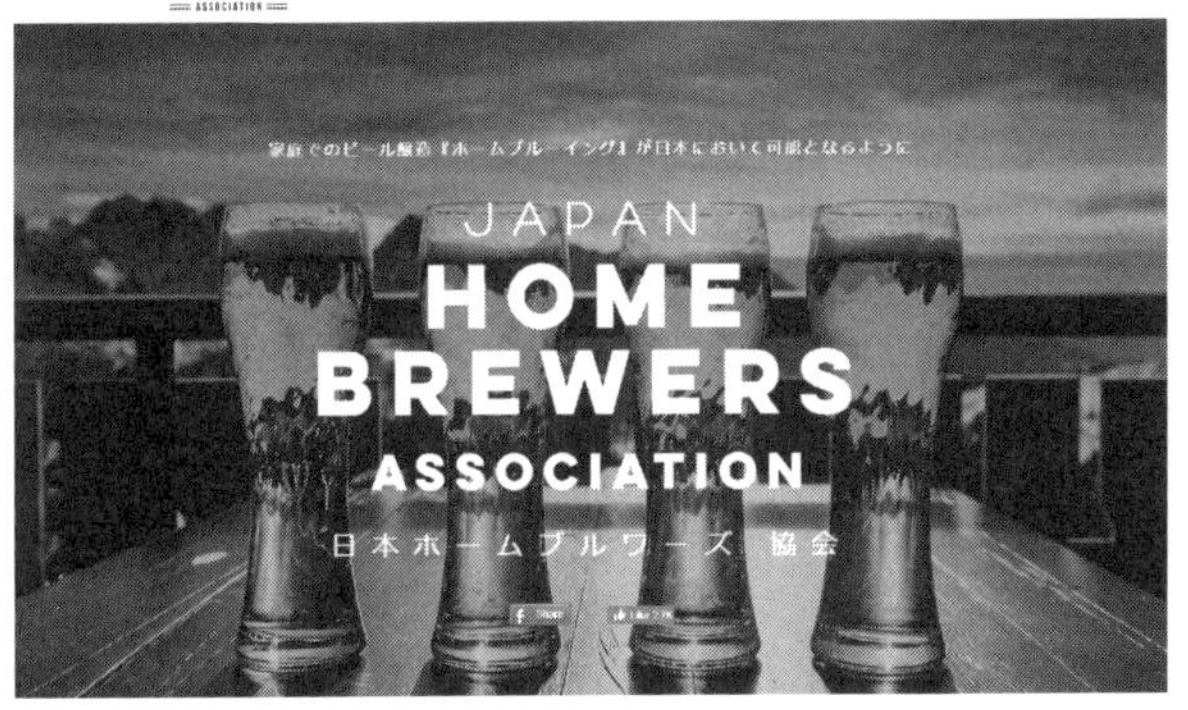

2019年に設立された、日本ホームブルワーズ協会

といえば、これはあらゆる意味での事業者側の経験不足が原因であったはず。事業計画や経営面に関しては個別の事情も大きいだろうが、こと醸造に関しては場数がスキルアップに直結するのは間違いない。

実際、九〇年代にはとても美味とはいえないお土産ビールが散見された。もし日本に国民的なホームブルーイングの下地があったとすれば、我々はもう少し早く腕の良いブルワーたちに出会えていたのではないかと夢想するのは、果たして短絡的だろうか。

同様の思いを持つ人は決して少なくないようで、クラフトビールの解禁が叶(かな)って久しい今、今度はホームブルーイングの解禁を目指そうという勢力がある。クラフトビール業界における中部の雄、伊勢角屋麦酒の鈴木成宗・代表取締役社長が先頭に立って令和元年（二〇一九）の十月に設立された、「日本ホームブルワーズ協会」だ。

公式ホームページを見てみると、「必ず日本でもホームブルーイングを実現したい」との力強い宣言があり、解禁推進派の筆者としても、「ついにこんな動きが！」と胸を躍らせたものである。ところが、設立直後にコロナ禍を迎えたせいなのか、同協会は今のところ活発に活動している気配はない。

本来はむしろ、外食が制限されたステイホームの時期こそ、ホームブルーイングを楽しむのにうってつけであったはずで、このタイミングを生かせなかったのは返す返すも残念なことだ。同協会の今後の取り組みに期待したいところである。


ところで、こうしたホームブルーイング解禁を望む声に対し、国はどのような思いでいるのか。ホームブルーイングを解禁すると市販のビールの売上げが下がり、酒税収入に影響する、などと考えているのだろうか。

真相はわからないが、正直なところ現時点でわざわざ自分でビールをつくって飲みたい層などたかが知れているだろう、と思う。むしろ、醸造体験をきっかけにビールへの関心が高まり、市場全体を活性化させる効果が見込めるのではないかとすら感じるのは、筆者だけではないはずだ。

仮にそれが楽観論に過ぎないとしても、要はこうした可能性の議論すら十分にされていない現実には個人的に不満がある。なぜなら、こうした一部の声を取り合わず、放ったらかしにしてきた結果、ホームブルーイングを取り巻く現状には腑に落ちない点がいくつかあるのも事実だからだ。

たとえば、酒類の自家醸造を禁じておきながら、醸造するための材料やキットが何事もなく売られている現状は、明らかに矛盾している。

見覚えのある人もいるかもしれないが、品揃えの良いホームセンターへ行けば、ビールを醸造するための機材一式が普通に売られている。先日筆者が見かけた発酵タンクはご丁寧にヒーター付きで、材料を投じて加熱すれば、簡単に発酵を実現できる優れものだった。試しにアマゾンでも検索してみると、同様の製品は山のようにヒットする。中には「自宅で酒を手作り可能」などと明記しているものまであり、まるでそれが違法であることを認識すらしてないように見える（そんなことはないのだろうが）。

誤解を招きそうだが、こうしたキットを売る業者を批判したいのではない。機材の販売を咎（とが）めるルールは存在しないのだから、これは当然の商行為。要は、それを購入するユーザー側の胸先三寸に委（ゆだ）ねられている、いかにも〝グレー〟な状況に違和感があるのだ。

★醸造キット販売事業者は語る

先日、海外製のビール醸造キットを販売する事業者の一人に話を聞く機会があった。昨今のクラフトビールブームに後押しされ、売上げは好調とのこと。最近ではホームブルーイングをきっかけにビールづくりの醍醐味に目覚め、起業してマイクロブルワリーを興す人も少なくないという。

ただし、「法的にグレーなところがあるので、ホームブルーイング出身とは誰も言いたがらないのが実情」（件の販売事業者）らしい。たしかに、マイクロブルワリーの店主と話す際、何の気なしに「どちらで修業されたんですか？」と尋ねてみると、もごもごと誤魔化されてしまうことがたまにある。理由は推して知るべし、ということなのだろう。

実際には醸造免許を取得する際、醸造技術の有無を入念に審査されるので、たとえホームブルーイングですでに技術を身につけていたとしても、既存のブルワリーで研修を受けるケースが多いようだが（要は明記できる修業経験が必要なのだ）、これも少しモヤモヤさせられる点のひとつだ。

そんな薄闇のかかった背景はさておき、件の事業者はホームブルーイングの魅力や作法を次のように語る。

「ビールのいいところは、仕込みの量や設備の規模が、品質を左右するハンデにならないことだと私は考えています。つまり、上手にやれば個人が小規模に仕込んでも、市販品に負けないビールをつくることが可能なんです。菌を用いる作業ですから、とくに重要なのは殺菌と温度、そして衛生管理です。また、ビールのスタイル（種類）にもよりますが、発酵の際は一九℃程度の環境が理想で、秋や冬に仕込むほうが難易度は低いと言えます」

まさに醸造が生き物（菌）を相手にした作業であることを実感させられる言葉である。ちなみに夏場でも冷暗所で管理すれば、いい意味で雑味の効いたフレーバーが楽しめるというから奥が深い。

では、酒税法との兼ね合いについては、どう考えているのだろうか。

「日本ではアルコール度数一％を超えるお酒をつくることが禁じられているのに対し、ビールは一般的に五％前後のアルコールを含んでいます。そこで私たちのような事業者は、『一％未満になるように材料を薄めて醸造してください』と、但し書き付きでキットの販売を行なっているんです」

逆に言えば、こうした機材を〝どう使うか〟はユーザー次第。ルールさえ遵守すれば、ホームブルーイングはきっと楽しい趣味になり得るだろう。

アメリカのバラク・オバマ元大統領も、熱心なホームブルワーとして知られ、在職中にはホワイトハウス内でビールを仕込む様子がユーチューブで公開されていた。日本でもそのくらいホームブルーイングが当たり前のものになれば、ビールはさらに楽しいジャンルに発展するだろう。

★醸造プロセス掲載の可否を国に問い合わせた結果

かくいう筆者も実は、何度かホームブルーイングを試みたことがある。物書きとしてビールを題材にするにあたり、醸造過程を体験しておくのは有意義と考えたことがその動機で、実際それは間違いではなかった。というのも、何度やっても真に美味しいビールを仕込むことができなかったからである。

マニュアル通りに材料を薄めているのだから当然かもしれないが、出来立ての瞬間こそフレッシュな口当たりに誤魔化されて気分良く飲むことができるものの、翌日には早くもオフフレーバー（本来の風味を損なった香り）状態に陥っているのを実感するのがいつものパターン。張り切って毎回十リットルを仕込んでいたが、とても最後まで飲みきれたものではない。せめて材料を薄めず、五体満足な状態で仕込めればあるいは——という気持も湧くが、まあノーセン

法的にグレーでもやもやさせられるホームブルーイングだが、勝手知ったるビールが徐々に仕上がっていくプロセスは、高揚感を覚えること請け合いだ

スな者の負け惜しみに過ぎないだろう。

そんな苦い体験であっても（ダブルミーニングである）、自ら醸造を経験したことが決して無駄ではないと感じるのは、ホームブルーイングを重ねるたびにあらゆるブルワーへのリスペクトがはっきりと増すからだ。それは生き物を相手にするものづくりの難しさを体感することであり、目に見えぬ微生物を制御しながら目論見（もくろみ）通りの味を醸すことが、いかに神業であるかを痛感させられる尊い経験でもある。

再び宣伝めいて恐縮だが、この醸造体験について拙著『日本クラフトビール紀行』の中に簡単なレポートを寄せている。興味のある人にはぜひご笑覧いただきたいが、なにしろホームブルーイングは法的にデリケートなテーマであるため、こうして書籍内に醸造体験を綴ることは、ひとつのチャレンジでもあった。刊行するやいなやお縄を頂戴するような事態は、なんとしても避けねばならない。

そこで編集過程では慎重を期し、本の中でホームブルーイングの過程を明記することに問題はないのか、出版社の顧問弁護士を介して国に確認することにした。その際のやり取りは、実に滑稽なものだった。

まずこちらが、「ルールに基づいてホームブルーイングする模様を掲載しようと思います。問題ないですよね？」と問い合わせると、返ってきたのは「アルコール度数が一％を超えていなければ問題ありません」との回答だった。これは納得できる。つまり、ちゃんと度数を測定しながらつくりなさいということだ。

次に、「では、もしも薄め方が甘くて醸造後に一％を超えるアルコールが計測されてしまったら、どうなりますか？」と尋ねると、国からは「その時点でアウトです。刑罰の対象になります」との答えが返ってきた。まあ、これも納得である。

しかし問題は、これが完璧に制御できるとは限らない、化学の作業である点だ。

そこで「しかし微生物の仕事ですから、万全を期しても本当に一％未満に収まっているかどうかは、測ってみるまでわかりません。どうすればいいですか？」と尋ねると、途端に堂々巡りが始まった。弁護士いわく、国はこの先、「一％を超えたら違法です」、「とにかく一％未満に収めてください」と繰り返すばかりで、質問に答えようとする姿勢は一切見られなかったのだ。

要は、これ以上踏み込んだ対応についてはマニュアルがなく、こちらの質問を曖昧にやり過ごすしかなかったのだろう。つまりホームブルーイングにトライするなら、未必(みひつ)の故意として罰せられることを覚悟せねばならないということか。

信じるか信じないかはあなた次第――ですらなく、議論の対象にすらしてもらえないのがホームブルーイングの現状。だったら、潔く(いさぎよ)法改正して解禁してしまえばいいではないか、というのが筆者の立場である(これが百年前に設けられた法律という点にも不満がある)。

前述のように、ホームブルーイングを原体験にマイクロブルワリーを興すブルワーが少なくないとの証言があることから、これはビール市場活性化の鍵を握る打ち手のひとつと言っていいはずだ。

かつて神奈川のブルワーの存在を引き金にクラフトビール解禁が果たされたように、そろそろビール産業は次のステップを目指してもいいのではないだろうか。

第3章

そしてビールは横浜に帰結する

★飲食業界を襲った〝失われた二年間〟

飲食業界にとって、令和二年（二〇二〇）からの二年間は、まさに〝失われた二年間〟であった。

東京都を例にすれば、最初の緊急事態宣言の発令が令和二年の四月七日から五月二十五日まで。誰もが初めて経験するこの事態に、期間中は昼夜を問わず街から人が姿を消すなど、物々しい雰囲気が漂ったのは記憶に新しいところである。

この年、下半期には政府や自治体による特別な措置こそなかったものの、人々の新型コロナウイルスに対する警戒心は強く、自粛ムードが続いた。おまけにこの頃、首長や経済再生担当大臣が特定の業態について「接待を伴う飲食店」なる曖昧な表現を用いたことで、飲食業界全体が割りを食った感があり、多くの人々はステイホームの旗印のもと、外食を生活から除外せざるを得なくなった。

それによりフードデリバリー市場、あるいはテイクアウト市場が急成長を遂げたのは興味深い現象と言えるが、パンデミックは収束せず、翌年にはさらに世の中を混乱させる。

同じく東京都では、令和三年（二〇二一）は年明け早々の一月八日から三月二十一日まで、二度目の緊急事態宣言が発令。それが明けると今度は「まん延防止等重点措置」が四月十二日から二週間の予定でスタートし、明けるなり三度目の緊急事態宣言（四月二十五日～六月二十日）、続けて二度目のまん延防止等重点措置（六月二十一日～七月十一日）、四度目の緊急事態宣言（七月十二日～九月三十日）とリレーし、街の経済は長く停滞することとなる。

その後、秋から冬にかけて社会はいったん通常運転を始めるものの、人々の警戒感はさほど和らがず、飲食店の苦境は続く。とりわけ深夜帯は壊滅的で、都内のあるバーテンダーは、「まん防（まん延防止等重点措置）で二十時までしか店を明けられない状況が続き、すっかりお客さんが離れてしまいました。バーは本来、二十時以降が書き入れ時なので、コロナ禍のダメージは極めて深刻です」と筆者にぼやいたものである。

さらに翌年の令和四年（二〇二二）は、一月二十一日から三度目のまん延防止等重点措置が取られたが、これが三月二十一日に明けたのをもって、ひとまずこの手の制限措置は全国的に終了した。あらためて時系列で追ってみると、やはり我々にとって未曾有（みぞう）の二年間であったことがよくわかる。

特に最初の緊急事態宣言の際には、渋谷や新宿などの中心部ですら、まるで荒野のように人影を失っていたのが印象的で、これから人類はどうなってしまうのかと、真剣に気に病んだ人も少なくなかったはずだ。

ちなみに筆者はコロナ一年目にあたる令和二年（二〇二〇）、最初の緊急事態宣言が明けて三カ月を経た八月四日の夜に、所用で横浜・中華街を訪れている。制限は解かれている時期であるにも関わらず、人々はまだまだウイルスとの付き合い方を測りかねているのか、いつもの賑わいは皆無。人っ子一人歩いていない中華街という、世にも珍しい光景を目の当たりにしたものである。なまじバーなどの店舗はどこもいつも通りに営業していただけに、なんとも寒々しく感じられたのを覚えている。

なお、本稿執筆時点においては第八波がひとまず収まった直後で、今後も第九波、第十波と断続的にやって来るのは確実だ。ただ、ウイルスが変異によって弱毒化していることもあり、感染拡大即ち行動制限という流れが断ち切られたことは、飲食業界にとって幸いというほかないだろう。

それにしても、令和元年（二〇一九）の終わりに中国で新型コロナウイルスの気配が漂い始めた頃を思い返せば、まさかこれほど尾を引くパンデミックになろうとは、とても予想できなかった。

仕事柄、災害関連の取材も多くこなしてきたが、コロナ禍は日本がここ二十年の中で体験した震災や水災害とはまるで性質の異なるものだと痛感している。このパンデミックは、我々の

令和２年（2020）８月４日、夜の中華街の風景。このあとBARに飛び込んだが、やはり店内はガラガラであった

生活様式をがらりと変えてしまった感があるからだ。

それは決してネガティブなものばかりでなく、たとえばリモートワークやキャッシュレス決済の定着など、むしろ文明の歩みを加速させた面もある。とりわけ職種によっては出社せずとも働けることに気付かせてもらえたのは大きな変化であった（筆者の取材活動もまた然りで、新たにリモート取材という選択肢が増えたのは実に幸甚である）。

しかし一部の企業には戸惑いも見られ、リモート活用による業務効率化と、リアル（対面）の重要性の狭間（はざま）でしばし揺蕩（たゆた）うことになる。印象的だったのは、ホンダが社員に対してパンデミック前のように原則出社の号令をかけたのとほぼ同時期に、ＮＴＴグループが原則リモートワークの新制度を打ち出していたことで、多くの企業はこのあたりのバランスの取り方について、もうしばらく試行錯誤を重ねることになるのだろう。

問題は飲食業界である。当然、店舗でサービスに従事していた人材たちにとって、リモートワークは対岸にある絵空事。現場に出なければ仕事にならないし、店を開けたところで客足は鈍ったままという袋小路に追い込まれてしまった。

実際、我々の生活を振り返ってみても、緊急事態宣言やまん延防止等重点措置の期間外であっても、外食からテイクアウトへ、外飲みから宅飲みへとシフトウエイトしたことは明らかで、大人数による宴会にはまだ及び腰な人も多い。

飲食店にとって利益率的に有利なのはやはりアルコール類であり、いくらデリバリーやテイクアウトでフードを売ったところで、コロナ禍以前の業績に戻すのは至難。店主一人で切り盛りしている小規模店であれば、自治体からの協力金や補助金でどうにか生活を続けることができても（むしろ飲食業だけ補償が手厚過ぎると批判もあったが）、従業員を複数抱える大型店は人件費に加えて家賃負担も大きく、閉店を余儀なくされた事業者も少なくないのは周知の通りである。

そして、もちろんそれは本書の主旨であるビール産業とて例外ではない。新型コロナウイルスと共にやって来たステイホーム時代をいかに乗り切るか、業界の人々は大いに知恵を絞らなければならなかった。

★その時、横浜のマイクロブルワリーは

「コロナ禍のダメージは当初の想定以上でした。うちは今、横浜市内でブルワリーを含めて八店舗を運営していますが、一時はその大半を手放さなければならないと、真剣に検討していましたから」

そう語るのは、横浜・上大岡でロトブルワリーを営む麻生達也氏だ。

上大岡エリアで幅広く飲食事業を展開する麻生氏が、「ロトブルワリー」の看板でクラフトビールの醸造事業をスタートしたのは、平成三十年（二〇一八）のこと。このロトブルワリーがユニークなのは、ラーメン店「麺や 天空」に併設されている点だ。麻生氏いわく、マイクロブルワリーが次々に誕生する中で勝負するには、プラスαの売りが必要だろうと頭を捻（ひね）り、ラーメンとの組み合わせを思いついたのだという。結果、この戦略がずばりとはまり、ロトブルワリーが送り出した「上大岡ビール」は、瞬く間に界隈の人気商品となる。

県外の飲食店からもたびたびオーダーの声がかかるものの、なかなか外販にまわすビールが確保できないと嬉しい悲鳴を上げる麻生氏。地域でそれほど支持されている人気銘柄をしても、コロナ禍にはかなり苦しめられたという。

横浜・上大岡でロトブルワリーを立ち上げた麻生達也氏

「飲食店には自治体からそれなりに補助金が出ましたから、これに随分助けられたのは間違いありません。しかし、従業員も大勢抱えていますし、家賃もかかります。お客さんが来ないとわかっていても、二十時までというルールの範囲内で、できるだけ営業を続けるしかありませんでした」

また、麻生氏の頭の中にあったのは、それまで取り引きしてきた仕入先の存在だった。

「我々と違って酒や食材の仕入先には、十分な補償がありませんでしたからね。だから売上げがあがらないとわかっていても、なるべく食材も多めに仕入れるようにして、消費しきれない分は自宅で家族と食べていました。今振り返ってみても、あの時期はちょっと異様な空気だったと思います」

そう述懐する麻生氏。この時期は毎月、補助金収入の過半数を仕入れにまわしていたというから、人

ロトブルワリーの醸造所を併設するラーメン店「麺や 天空」

件費や家賃などの支出を踏まえれば、多額の赤字が出ていたことは間違いない。それでも取引先へのオーダーを続けたのは、「そうしなければ、本当にこの地域の経済が終わってしまうという強い危機感があったからです」と麻生氏は言う。

「公平に見て、飲食店ばかりが手厚いケア（補助金）を受けられたのは間違いないでしょう。実際、それに対する批判もありました。だったらせめて、自分が関われる範囲のことはどうにかしたいという、その一心でした」

横浜というローカルの中で、強い結束を感じさせる言葉である。

とはいえ、麻生氏も自らの商売、経営を度外視することはできない。いつまでも赤字を積み重ねていては、従業員や家族を巻き込んで共倒れになるのは明らかだった。

終わりの見えない苦境の中で、麻生氏が一筋の光明として重視していたのは、自社のブルワリー機能であった。

「うちは他にブルワーを雇うことはしていなくて、ビールをつくる人間は僕しかいません。つまり醸造に関しては人件費がゼロなわけで、商売としては効率的と言えます。ただし、つくってもそれを売る場所がなければどうにもなりませんから、いよいよ追い込まれてもブルワリーとバーだけは残そうと考えていました」

捕足すると、酒造事業では酒をつくった時点でその分量に対して課税が発生する。つまり、売れ残りを廃棄するだけのサイクルに陥ると、原価だけでなく税金までをも吐き出し続ける危険なビジネスになりかねない。

しかし逆の見方をすれば、販路さえ残しておけば、クラフトビール事業に再生の芽を残せるわけだ。世の中に多種多様なビジネスが存在する中で、小規模でも生産の拠点を握ることができるクラフトビールは、やはりビジネスとして面白い。

★ビールに持ち込まれた〝量り売り〟の文化

生産は販路と繋がっていなければならないという、商売において当たり前の原則を再確認させられたコロナ禍。その意味で、昨今のクラフトビールブームによって街にビアバーが多く誕生したことは、麻生氏のように自前の販路を持たないマイクロブルワリーにとって一縷の望みとなったに違いない。

ビアバーにはイートインに徹する業態の他、瓶や缶、そしてプラカップによるテイクアウト販売を行なう店舗が少なくない。そのため、緊急事態宣言の発令によってアルコール類の提供ができない時期には、テイクアウト販売でどうにか常連客を繋ぎとめたところも多かった。ビールは意外とこうしたテイクアウト需要と相性が良く、筆者が取材したビアバーの中には、コロナ禍の真っ只中に過去最高益をマークした店舗もあるほどだ。

この二、三年のうちに瓶や缶での販売をスタートしたマイクロブルワリーが多く見られるのも、そうした需要を狙ったもので、これによって各社のクラフトビールは醸造所のあるエリアを大きく飛び出していくことになる。

顕著な例がふるさと納税で、今では各地域の返礼品として、地元のクラフトビールは定番的なアイテムだ。「地場産品に限る」というルールを敷くふるさと納税の返礼品として、これは確かにうってつけだろう。

しかし、前述のように過去最高益を出す店舗は特異な例であり、テイクアウト販売を始めたからといってすぐに通常営業時に比肩する売上げが立つわけではない。むしろ各社がこぞって参入し始めたことで競争率は上がっているし、テイクアウトよりも店内での飲食こそが利益の根源であるというのは、多くのビアバー店主が証言するところである。

それでもクラフトビールの場合、「グラウラー」の浸透がそうしたテイクアウト需要を支えていたのが特徴的だ。

グラウラーとは炭酸飲料に対応したボトル（水筒）のこと。冷えたビールの温度をキープする魔法瓶のような仕様になっており、これがテイクアウトの選択肢を大きく後押しするツールとなった。

また、意外と知られていないことだが、炭酸水というのはボトリングにおいてなかなか厄介な代物で、どんな容器でも対応可能なわけではない。自動販売機で売られているペットボトル商品にしても、水やお茶と違い、炭酸飲料のペットボトルはやや厚めで、凹凸の少ない丸みを帯びたデザインをしている。これは炭酸ガスの圧力を均等に分散させるための工夫である。運搬中の刺激で水の中に溶け込んでいた炭酸が気体に変わると圧力が高まり、容器が破損するトラブルに繋がる。

水筒も同様だ。普通の水筒に炭酸水を入れて持ち歩くと、ガス圧によって蓋が開かなくなったり、破損したりすることがあるので注意が必要だ。そうしたリスクを解決し、炭酸の爽快な

コロナ禍に喘ぐブルワリーとビアバーにとって、救世主的存在とも言えるグラウラー

発泡感を長く維持するグラウラー文化の登場は画期的で、これによって実現したのがビールの量り売りである。

日本における酒の量り売りは、もともと日本酒に見られた文化で、一説には貨幣経済が成立した十二世紀頃から始まっていたとされる伝統的な販売手法だ。

明治時代に瓶詰めの技術が確立する以前まで、客は自前の徳利を酒屋に持参し、欲しい量を告げて対価を払うのが一般的だった。現在も一部の酒販店が、購入した酒を店内で飲める「角打ち（かくうち）」を行なっているが、これは枡の角に口を付けて飲む往時のスタイルに由来する呼称だ（※諸説あり）。

つまり古来、酒は欲しい時に欲しい量を調達する、フレキシブルな飲料だったのだ。

こうした文化が現在、クラフトビールの世界に浸透しているのは興味深い。慣れた消費者の間では、自転車などで近所のビアバーに乗り付けて、その日のタップリスト（※提供されているビールのリスト）から選んだ銘柄を手持ちのグラウラーに詰めてもらい、持ち帰って自宅で楽しむといった行動様式が広まっている。

ちなみにビール好きならぜひ押さえておきたいこのグラウラー、価格はピンキリで数千円から数万円のものまで様々。ライト層にとってはコストパフォーマンス的に見合わないかもしれないが、コロナ禍ではグラウラーを安価で配布、あるいはレンタルする店舗も見られた。まず「インフラ」としてグラウラー所有者を増やせば、自ずとビールも売れるだろうという聡明な戦略だ。

また、都内のあるブルーパブでは、「グラウラーがない場合は炭酸飲料のペットボトルを持って来てください」とアナウンスして、より多くの人にビールのテイクアウトを呼びかけていた。水ではなく「炭酸飲料の」と言っているのがポイントで、前述したように炭酸に耐えられるペットボトルこそが、最も安価なグラウラーの代用品なのである。

なお、これは日本だけでなく世界的なブームであり、ある調査によればコロナ禍に背中を押される形で、北米エリアのグラウラー市場は令和三年（二〇二一）に百万米ドルに達し、今現在もまだまだ伸び続けている。こうして量り売りの文化をビールの世界に根付かせたグラウラーの功績は大きい。

こうしてビールを取り巻く環境に様々な変化をもたらしたコロナ禍だが、そもそも商売というのは時代の変化、人々の生活習慣の変容に合わせて少しずつアップデートを続けていくのが本来の姿であるはず。ビールもそれは変わらない。

実際、ウィリアム・コープランドらが横浜界隈でビールを発信し始めた頃と比べ、気がつけば我々とビールの接点は実に多様化している。今回、本稿の執筆にあたって複数の資料にあたるうち、そのひとつの起点が平成二十七年（二〇一五）にあることに気が付いた。

ここからは、古代メソポタミアで誕生し、文明開化の波と共に日本に根付いたビールが、令和の世においてどのように飲まれるに至ったのか、その最前線を探っていきたい。

なお、ここでもキープレイヤーとなっているのは、国内ビール産業の始祖、キリンビールである。

★ドラフト市場を大きく広げた「タップ・マルシェ」

パンデミックの完全収束はまだ先でも、行動制限が取り払われたことで、人々が外食の機会を取り戻しつつあるのは幸いだ。一時は〝オンライン飲み〟という苦肉の策で凌（しの）いだのも今となっては懐かしく、久々に居酒屋で仲間と酌み交わすビールの旨いこと旨いこと——。やはり酒は膝を突き合わせて飲むにかぎると、あらためて実感した人も多いに違いない。

そして乾杯のあとに、「久しぶりの生ビールだ！」と感激する声をしばしば耳にし、なるほど、タップ（注ぎ口）からジョッキに注がれるビールというのは、確かに宅飲みではまずありつけないものだと納得した。ビフォア・コロナの世界では身近過ぎて気づけなかったが、生ビールこそが外食における醍醐味のひとつだったわけだ。

ただし、多くの人は樽から直接グラスに注がれるスタイルのビールを「生ビール」と呼んでいるが、これは誤認である。

生ビールとは本来、加熱処理を行なわないビールを指している。加熱は殺菌と同義で、製造過程で微生物の働きを恣意的に止め、一定の段階で味を保つために行なわれる工程だ。

しかし技術が向上した昨今は、各社とも非加熱のビールが主流になっている。わざわざ加熱せずとも味を保てるようになったわけで、缶で飲もうが瓶で飲もうが、我々が手にするたいていの製品は生ビールである。だから、居酒屋でジョッキを片手に「やっぱり生は旨い」などとやるのは実は筋違いなのだ。

正確に言えば、大方の人の歓心を買っているのは熱処理の有無ではなく、樽から注がれる〝ドラフト〟スタイルのビールだろう。タップを通して出てくるビールは、それだけで何となくフレッシュな印象があり、テンションが上がるものだ。

そこで最近、イタリアンでもフレンチでも和食店でも、クラフトビールをドラフトで提供する店舗が増えていることにお気づきだろうか。

本来、ビアタップを店舗に導入しようと思えば、ビア樽を冷やす大きな冷蔵庫と、そこからタップまでの導線設備が必要となり、それなりの工事が必要になる。そもそも、十リットル、十五リットルといったサイズのビア樽が収まる冷蔵設備を後付けで増設するのは、よほど潤沢なスペースを備えた店舗でなければ難しいだろう。

そうした障壁があるにも関わらず、昨今のクラフトビールブームを逃さずドラフトスタイルの導入に成功する店舗が増えているのは、一体どういうからくりなのか。その起爆剤となったのが、キリンが平成二十七年（二〇一五）から開発に取り組んできた「タップ・マルシェ」である。

タップ・マルシェは四種類のビールを格納できるクラフトビール専用の小型サーバーだ。エスプレッソマシンのような洒落た筐体(きょうたい)に、同社が開発した三リットルのペットボトル（もちろん炭酸対応）を搭載し、それぞれのタップからビールを注ぐことができる。

特筆すべきは省スペース性で、高さ約六十三センチ、奥行き約七十四センチというコンパク

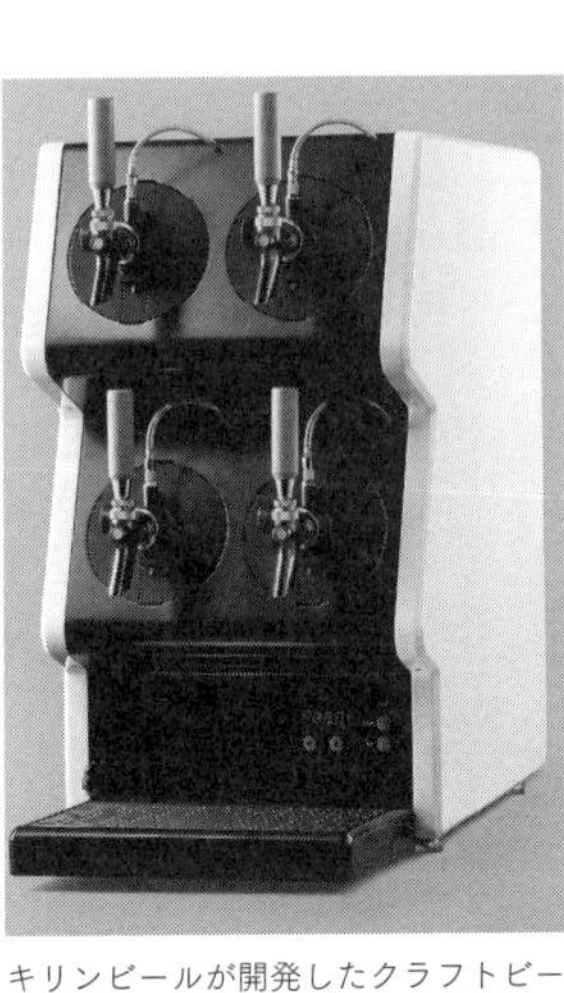

キリンビールが開発したクラフトビール専用サーバー「Tap Marché（タップ・マルシェ）」

トな設計は、これまで設置場所の都合でビールサーバーの導入を諦めていた飲食店経営者たちに大いに歓迎された。エリアを絞ったテスト導入を経て、全国展開がスタートしたのが平成三十年（二〇一八）。この初年度に早くも設置店舗数は七千軒を突破したというから、反響の大きさが窺える。

現在はタップ数を二つに絞った、さらなるコンパクト版もリリースされ、カフェや映画館、企業のオフィスまで、様々な場面でその姿を目にする機会がある。

このタップ・マルシェ、一体どのようなニーズを狙ったものなのか。キリンビール株式会社・事業創造部の丹尾健二氏は、開発の経緯について次のように語る。

「発端は平成二十七年（二〇一五）、社内で『マルシェ（市場）のように、多種類のクラフトビールから選ぶ楽しさを提供できないか』というアイデアが持ち上がったのがきっかけでした。近年では『つくり手の顔が見える商品・サービスを選びたい』、『日常を少しだけ特別にしてくれる個性的な商品がほしい』といった価値観の変化がお客様の側に見受けられ、我々の業界においてもクラフトビールのように個性的な製品への関心が高まっています。その反面、全国のマイクロブルワリーには販路の確保が、また、飲食店様にはクラフトビールの品揃えに工夫が必要であるなど、提供する側には様々な課題が存在していました。そこでこうした課題を解決するために、一台で四種類のビールを提供できる小型サーバーの構想が具体化したのです」

タップ・マルシェ設置店を探す際には、このロゴを目印に

この着眼点は時代のニーズにジャストフィットし、テスト導入の時点から問い合わせが殺到。タップ・マルシェは瞬く間に全国へと拡散していく。

しかし、開発のプロセスは決して平坦なものではなかったようだ。

「一般的に流通しているクラフトビールの樽は、十リットル、十五リットル、二十リットルの三種類が中心で、スペースの確保の問題もさることながら、これらの分量を一定期間内に売り切ることができなければ徐々に中身が劣化してしまう難点がありました。そこで独自の容器の開発に取り組んだわけですが、闇雲に容量を少なくすると品質面では有利でも、交換頻度が増えて作業負荷がかかったり、物流コストが高くなったりといったデメリットが生じます。そこで試行錯誤の末、最も取り扱いに適した容量として設定されたのが、三リットルでした」（丹尾氏）

四つのタップのレイアウトについても、段ボールで模型を作り、横に四本並べるパターンや縦に四本並べるパターンなど、様々な配置を検討したと振り返る丹尾氏。苦心の末に到達した現在の意匠はインテリア性にも優れ、店舗側からすれば客の視界に入る場所にも設置できる得難いメリットがある。

タップ・マルシェは現在、二十種類以上のビールに対応している。自社のクラフトビールブランド「スプリングバレー」の製品だけでなく、人気のヤッホーブルーイング（長野）や伊勢角屋麦酒（三重）、常陸野ネストビール（茨城）など、クラフトビールファンのツボを押さえた強力打線が目を引く。

最近では「うちのビールもタップ・マルシェのラインナップに加えてもらえないものだろうか」と口にするブルワーが少なくないのは、プラットフォームとしてつくり手側の信用を得ている証しだろう。「ビアバーやダイニングはもちろん、それまでクラフトビールと無縁であった焼鳥、エスニック、寿司、中華――などなど、幅広い業態でお取り扱いいただいています」

と、クラフトビールの流通を大きく広げたタップ・マルシェ。ヒットの秘訣について、丹尾氏はこう分析する。

「最大の要因は、飲食店に来店されるお客様にクラフトビールの美味しさと楽しさを手軽に感じていただける点に尽きるでしょう。また、飲食店様の側からは、複数種類のクラフトビールを高品質かつドラフトで提供できる環境をすぐに整備できることから、お客様への新しい提案や課題解決に繫がっているとの声もいただいています」

クラフトビールを提供する飲食店に出会ったら、ぜひ店内に視点を巡らせてみてほしい。どこかにタップ・マルシェの姿を見かけることも多いはずだ。

★ビール市場にサブスク制を持ち込んだ「キリン ホームタップ」

ビールの飲み方の多様化はこれだけに留まらない。世のサブスクリプション（定額制）ブームに呼応して、ビール業界もまた、機を見るに敏であった。

サブスクリプション（以下、サブスク）とは、製品やサービスを購入することなく一定期間利用できるサービスのことで、音楽や映画の分野においては完全に定着した手法だ。

たとえば映画で言えば、かつてはレンタルショップにビデオやＤＶＤを借りに行かねばならなかったのが、動画サービスに月額課金することで、いつでも好きなタイトルを自宅で視聴できるようになって久しい。なんといっても、面倒な返却の作業が不要という恩恵は計り知れないだろう。

実は、家庭で楽しむビールについても、このサブスク制が取り入れられている。

同じくキリンが提供している「キリン　ホームタップ」を例に挙げると、専用ビールサーバーのレンタルは無料（※最低契約期間の継続利用が前提）で、月四リットルコース（税込み八二五〇円〜）と月八リットルコース（税込み一万二四三〇円〜）の二つを用意。選択したコースに応じて、一リットルサイズのペットボトルが定期的に自宅に届き、ユーザーはこれを同梱の炭酸ガスカートリッジなどの備品と一緒にセットするだけで、工場直送のドラフトビールが楽しめる仕組みだ。

自宅で本格的なドラフトビールが楽しめる、「キリン ホームタップ」

ビールの種類はキリンの最上位ブランドである「一番搾りプレミアム」やスプリングバレー製品のほか、ヤッホーブルーイング（長野）や銀河高原ビール（同）といった人気ブルワリーを押さえ、ラインナップは適宜アレンジされる。

　こうしたサブスクサービスにはどうしても、「飲みきれなかったら、かえって割高になってしまう」との懸念が付き纏うが、ホームタップでは消費量に応じて配達のスキップ、あるいは追加注文が可能だ。留守になりがちな時期にビールを無駄にしてしまうこともなければ、ホームパーティーなどで普段より多めにビールが必要となるニーズにも対応してくれる。コロナ禍で外食が制限されたことで、ドラフトビールの尊さを思い知った向きからすれば、まさに痒(かゆ)いところに手が届くサービスと言えるだろう。

　このホームタップが生まれた背景についても、同社の担当者に話を聞くことができた。サービスの前身となっているのは、平成二十七年（二〇一五）にスタートした「ブルワリーオーナーズクラブ」であるという。

「コンセプトは『Tank to glass』。これは醸造家だけが知っていた新鮮なビールの美味しさをご自宅までお届けしたいという開発当時の想いを表現したもので、企画当初から目指しているのは、食卓の中心にビールがあり、その一台があるだけで楽しく新しい生活が広がり、家族の絆(きずな)が深まるサービスでありたいという想いでした」（キリンビール株式会社・事業創造部 堀孝佑氏）

　専用サーバーのサイズは、一三〇ミリ×三五五ミリ×一八三ミリと実にコンパクト。何より、家庭内の風景を邪魔しないシンプルなデザインは、「工場つくりたてのビールのおいしさをそのまま食卓へ」というコンセプトに相応しい。そしてもちろん、機能面でも様々な工夫がなされている。

「最もこだわったのはノズル部分の設計で、きめ細かくクリーミーな泡を表現するために、開発過程では注ぐスピードなどをアレンジしながら試行錯誤を重ねました。ノズルの先端を狭めるほどきれいな泡が作れるのですが、狭めすぎると今度は流出量が少なくなってしまう難点が生じるため、繊細な調整が必要でした。さらに、ビールを押し出すガス圧の強弱も飲み味に大きな影響を与えるので、バルブ部分についても納得いくまでとことんブラッシュアップを重ね、ビールの注ぎ出し速度も直径の異なるパイプで何度もカット&トライを繰り返しました」(堀氏)

開発陣がこうして細部にこだわり抜かねばならなかったのも、サーバーから自分でグラスにビールを注ぐ体験が、一般家庭において特別なものであるからだ。居酒屋でのアルバイト経験でもないかぎり、ドラフトビールを自ら注ぐ機会など、そうあるものではないだろう。前出の堀氏が「泡の質はもちろんですが、ご自身でビールを注ぐ、その時間をも楽しんでいただければ」と言うのもそのためだ。

なお、前身の「ブルワリーオーナーズクラブ」がこうしてホームタップにリニューアルしたのは平成二十九年(二〇一七)のことだが、同社が本格展開に踏み切ったのは令和三年(二〇

「キリン ホームタップ」用のボトルを生産するラインの様子

二一）に入ってからのことである。背景にコロナ禍、つまり宅飲みニーズの拡大があったのは想像に難くない。

我々としても、メーカー側の企業努力によって、ビールとの付き合い方の選択肢が広がるのはありがたいこと。ユーザーからはここまで、ポジティブな反応が多数寄せられているという。

「アンケートの集計結果によると、会員様のうち約半数（四三・二％）がホームタップご利用以降、クラフトビールを飲む機会が増えていると回答されています。また、『自宅で本格的なドラフトビールが楽しめるのが魅力』、『サーバーから自分で注ぐのが楽しい』、『泡がクリーミーで美味しい』、『夫婦の会話が増えた』といった声のほか、『おいしさ満足度』は実に九九・一％の高評価をいただくことができました」（※いずれも二〇二一年十月実施のアンケー

ト調査より）

様々な規制に耐えなければならない特異な状況下において、こうしたサービスに救われたビール党はきっと少なくないはずだ。堀氏は今後もホームタップを通して、「ビール市場の活性化・魅力化をさらに推進していきます」と力強く語ってくれた。

★事業拡大を図るロトブルワリー

多様化するビールの文化だが、一方では第一章でも触れているように、緩やかにシュリンクしている市場であるのも事実。だからこそ、立場の異なる様々なプレイヤーがアイデアを捻り、業界全体の活性化を目指して頑張っているわけだが、実のところここから先のビール産業はどのように変化していくのだろうか。

少なくともクラフトビールに関していえば、長年に渡ってその界隈を取材してきた筆者の目線からすると、もうしばらくは悲観する必要はないように感じられる。突然のコロナ禍が事業の在り方を見直すきっかけになったのは間違いないが、各地のブルワーがそれぞれの才覚を発揮し、相応の成果を得ているからだ。

「上大岡ビール」の好調を受けて、醸造設備の新設に乗り出したロトブルワリー・麻生氏

ここで、前出のロトブルワリー・麻生達也氏に再び登場いただくことにする。

コロナ禍で一時は運営店舗の大量閉店も考えたという麻生氏だが、クラフトビール事業に関しては順調そのもの。横浜・上大岡に登場した小さなブルワリーは今、事業拡大に向けて鋭意準備を進めている。

「これまでロトブルワリーでつくった『上大岡ビール』は、自社の店舗で売るか、ビアフェスなどのイベントで売るかという二つの販路しかありませんでした。逆に言うと、コロナ禍の最中を除けば、その二つの販路だけで酒税法で定められた最低製造量（年間六〇キロリットル）をクリアできていたわけです。しかし、お陰様で様々な引き合いをいただいていて、ビールが足りなくなってきたため、生産量を倍増させるために新工場の設立を

進めているところなんです」（麻生氏）

すでに土地も調達済みで、何事もなければ令和五年（二〇二三）の春には着工する予定だというから、なんとも豪勢な話である。

ところが麻生氏は、「自社の事業が特別伸びているとは感じていない」と意外なことを言う。一体どういうことか。

「事業を営む人間であれば誰しも、十年先、十五年先という長いスパンを見据えて計画を立てなければなりません。例えばビール事業を家賃三十万円のテナントで続けた場合、単純計算で年間三六〇万円のコストが発生し、それが十五年間には五千万円以上に累積することになります。だったら小さくても自社で物件を所有したほうが有利なわけで、新工場の建築は業績がどうというよりも、単に長い目で見た損得勘定からのことに過ぎません。ちょうど中小企業向けの補助金が受けられたことも大きいですね」

このあたりは個人のマイホーム計画と同様で、コツコツ払い続けるか、それとも最初にドーンと負担するかという選択の問題ではある。それでも自社ビルを建てるというのは、それなりの勝算がなければ手が出せない大事業である。そして、その勝算を見出したのがクラフトビール事業であったことに本書では注目したい。

「ビール事業をやってきたおかげで、お付き合いしてくれる会社が増えたのは間違いありません。瓶ビールの販売を強化しようと考えたのも、横浜の百貨店が取り扱いを検討してくれているという後押しがあってのことですから。これはバーやラーメン屋を単体で経営していたら、まずあり得なかった流れですよね」

面白いのは、これが単に上大岡ビールを百貨店の店頭に並べるだけの話ではないことだ。例えば令和四年（二〇二二）の秋には件の百貨店の手引きにより、横浜発祥のあるベーカリーチェーンとのコラボレーションが実現している。

横浜ハンマーヘッドで開催されたビアフェスで、ブレッドビアは大好評を得た（写真提供：麻生達也）

パンとビールがほぼ同じ原料で構成されている点に着目し、賞味期限の迫った商品を使って麻生氏がビールを醸したもので、フードロス対策の象徴として絶妙な企画と言える。そもそも人類最古のビールとされるシカル（第一章参照）が、焼いたパンを発酵させたものであったことを思えば、ビール産業発祥の地である横浜でそれを再現したのは意味深い。

この〝ブレッドビア〟を横浜ハンマーヘッドで催されたイベントで提供したところ、味はもちろん、コンセプトの面でも大好評を得たという。原材料を提供したベーカリー側にとっても、SDGs的なコンセプトも相まってプロモーション効果は大きかったはずだ。

「ひとつのポイントは、ベーカリー側が酒類販売免許を持っていなくても、免許を持つ百貨店を介すれば、こうしたコラボレーションが実現できる点にあると思います。見方を変えれば、地域で高い信用を得ている老舗百貨店が音頭を取ってくれたことで、うちを含めた三社が繋がることができたわけです。自社だけで何か事をなそうとするよりも、周囲と連携したほうが大掛かりで有意義なことができるという好例ではないでしょうか」

順当ならこのコラボレーションは継続され、ブレッドビアが横浜の百貨店の店頭に並ぶ日も遠くないというから楽しみだ。

★〝地ビール〟への回帰が生むビジネスチャンス

かつては地ビールと呼ばれたクラフトビールだけに、地域に根ざした取り組みは枚挙に暇がない。例えば横浜のすき焼き店と、割り下を用いた和風のスタウトビール（黒ビール）を開発する計画が進んでいたり、新たに横浜に建設される商業施設専用ビールのオファーを受けたり、麻生氏が手掛けるビジネスの輪は着々と広がっている。

マイクロブルワリーは小規模に興せる点にメリットがあるのは間違いないが、いつまでも小さなビジネスのままではジリ貧に陥ってしまうのも事実だ。

ビールづくりは装置産業であるから、最初に導入したタンクのサイズ次第で、どんなに寝ないで働き続けたところで年間の最大生産量は確定してしまう。それは売上げの上限が見えていることと同義である。

もちろん売上げがすべてではないだろうが、少なくとも事業家としての成功を夢見て独立したブルワーにとっては、延々と薄利多売を続けることは避けたいはずだ。現に、ここ十年のうちにマイクロブルワリーを立ち上げたブルワーの中には、「こんなに儲からないとは思わなかった」とぼやく人が少なくない。より稼げるビジネスに転換していくには、設備を増設するほかないが、そのためには再投資が必要であるし、たくさんビールをつくったからといってそれがすべて売れるとも限らない。

その点、麻生氏のケースは、クラフトビールをあえて地ビールに回帰させた取り組みにも見え、〝オール横浜〟で事業を拡大していく浪漫が感じられる。何より、こうして地域での取り組みを広げていくこと自体が、ロトブルワリー自体のブランディングにも繋がるだろう。

そんな麻生氏は、まだまだビールを用いた様々な事業を見据えている。構想の一端を明かしてもらった。

「新工場が完成したら、そこでビールの醸造体験を提供する事業を始めたいと思っているんです。主に狙いを定めているのは飲食業に従事するプロの方々です」

すでにビールづくりを体験できるブルワリーはいくつか存在しているが、プロ向けに特化することで差別化を図ろうというのが麻生氏の狙いだ。

「例えば居酒屋のオーナーがうちにビールをつくりに来て、それを自分の店で提供できれば楽しいし、お客さんにとっても特別なものになるじゃないですか。つくったビールは全量買い取ってもらわなくても、うちはうちで消費できる店舗を持っていますから、無理のない量だけ持って帰ればいいでしょう。それに、日頃何気なく売っていたビールに対する理解が深まることは、サービスマンとして絶対に有意義ですからね」

実現すれば、ビール党を中心に横浜の新たな名所になるかもしれない。


アイデアが尽きる気配のない麻生氏だが、ビール市場の今後についてはどう見通しているのだろうか。

「個人的に気になっているのは、ビールの捉え方がつくり手と消費者で決定的に異なっているのではないか、ということです。僕はクラフトビールに出会う前はベルギービールにはまっていて、いろんな材料を使った多彩なビールが存在する楽しさを体感していました。しかし近年、多くのブルワーが手掛けているビールは、ベルギービールのような多様性に欠けている印象があります。それは決して悪いことではありませんが、ビールが苦手な人の大半はおそらくビール特有の苦味を敬遠しているのであって、より幅広い人々に飲んでほしいと望むなら、もっといろんなスタイルのビールがあっていいと思うんですよ」

実際、ロトブルワリーのラインナップはフルーツビールが中心で、原材料の甘さを生かしたものから酸味を利かせたドライなものまで取り揃え、間口の広さを感じさせる。他業種とのコラボがスムーズに実現するのも、こうした度量があればこそだろう。

「中にはフルーツビールについて、『あんなものはビールではない』と認めないブルワーがいるのも事実です。でも、店頭やビアフェスなどでお客さんの生の反応に触れ続けている僕としては、フルーツビールを喜ぶ人たちの姿を見て、ビールの枠組みに囚われ過ぎるのは良くないと感じてしまうんです。そうした頑なな思い込みは、間違いなく産業の発展を阻む枷（かせ）になりますから」

だからこそ逆説的に、そこが今後のクラフトビール市場を盛り上げるヒントになると麻生氏は指摘する。

「若いブルワーさんの中には、そろそろそこに気がついている人も多いと思いますよ。最近はビアフェスなどで他社のラインナップを見ていても、伝統的なスタイルに囚われることなく、自由な発想でビールをつくっているブルワーさんが増えていますからね」

つまり、クラフトビール市場はこれからもう一段階、面白くなる。麻生氏の言葉と取り組みは、そんな期待をさせてくれる。

★みなとみらいを盛り上げる「横浜ビアバイク」

他方、横浜界隈の取り組みにおいて昨今、頓に話題を振りまいているのが、横浜を代表するマイクロブルワリーのひとつ、横浜ビールである。

たとえば、複数の人間がペダルを漕ぎながらビールを飲む移動式カウンター、ビアバイクをご存知だろうか。これは座席につく〝飲み手〟が漕ぐ力を動力とする六人乗り（＋運転手）の軽車両で、ビールと自転車の人気が高いオランダで生まれた乗り物だ。

ガスも電気も使わないため、ビアバイクはエコ目線でも実にキャッチー。昭和のサラリーマンがよく、ビールをガソリンに例えて仕事に励んでいたことが思い出されるが、ビアバイクは文字通り、ビールをエネルギーとする愉快なアクティビティなのだ。

仕掛け人は、株式会社横浜ビールでファンプロジェクトを担当している横内勇人氏である。

「ビアバイクと出会ったのは、両親と妻の四人でハワイ旅行に行った時のことでした。試しに四人で乗ってみたところ、両親がこれまで見たこともないような笑顔ではしゃいでいて、隣の外国人に積極的に話しかけるほどノリノリだったんです。この時、ビアバイクはどんな人でも楽しめ、どんな人とでも仲良くなれる乗り物だと確信し、これをどうにか横浜の街で走らせられないかと計画を立て始めました」

横浜の街を走るビアバイク。道行く人々の注目の的で、話題性は抜群だ

当時、横内氏は前職を離れたばかりで、横浜ビールへのジョインが決まっていたものの、あくまでビール業界を知るための短期修行と考えており、行く行くはビールに関わる事業で起業を目指していたという。ビアバイクは新規事業の題材としてうってつけだったわけだ。

「そこでビアバイクについて調べ始めたところ、鹿児島に車両を所有している会社を見つけました。すぐに現地へ飛んで、ぜひレンタルさせてほしいと直談判したものの、残念ながら話はまとまらず。その後、様々なご縁が重なって、今度は宮崎でビアバイクを製造している会社と繋がることができました。この会社の皆さんが横浜でイベント化

株式会社横浜ビールでの横内勇人氏

することに非常に前向きで、わざわざこちらまでビアバイクを運んでくださったんです」

横内氏は結局、これを横浜ビールの一事業として展開する方針に切り替え、当時の社長へのプレゼンを開始する。ビアバイクとは百聞は一見にしかずの乗り物で、口頭で説明するよりも乗ってもらうのが手っ取り早い。実際にビアバイクを体験した社長がその魅力を十分に理解したのは言わずもがなで、首尾よく会社の承諾を得ることができたという。

道路交通法上、自転車や馬車、人力車などと同じ軽車両に括られるビアバイクは、規定のサイズに収まる車両であれば、ナンバーを取得せずとも公道を走ることができる。自転車は本来、酒に酔った状態で運転することが禁じられているが（実はこれは馬車も人力車も同様である）、ビアバイクの場合、先頭でハンドルを握る運転手さえ素面であれば問題はない。

ビアバイクのサービス化を目指し、公道での実証テスト（試走）を重ねていたところ、その楽しげな姿が話題になり、横浜市や伊勢佐木町、元町など地域の方々がサポートに名乗りを上げる追い風もあった。そして令和三年（二〇二一）には横浜観光コンベンションビューローの助成事業に採択され、「横浜ビアバイク」はめでたくサービスのローンチに至ったのだった。

筆者もみなとみらいの街でたまたまこのビアバイクを目撃したことがあるが、ビールを飲みながらペダルを漕ぐ人たちの姿は実にインパクトがあった。横内氏の言うように、すべての漕ぎ手が満面の笑顔を見せていたのが印象的で、その様子が美しい横浜の街並みとよく調和していた。ビール好きにとって、これほど気になるアトラクションはないだろう。

★みんなで走ってみんなで飲む！ 横浜ビアランニング

同社はほかにも興味深い取り組みを行なっている。同じく横内氏の発案でスタートした「横浜ビールランニングクラブ（YBRC）」は、すでに五年以上も続いている地域の人気企画だ。

これは横浜ビールの醸造所に併設されたレストラン、「驛の食卓」を発着点に、赤レンガ倉庫や大さん橋といった横浜の名所を巡る五キロほどのコースを走ったあと、店に戻ってビールを楽しむというイベントである。着想は横内氏の実体験に拠っている。

「横浜ビールに入社してから、ビールを飲む機会が増えたせいかお腹まわりが気になって、ランニングを始めたんです。もともとサッカーをやっていたので、長い距離をゆっくり走るよりも瞬発力を生かして走るほうが得意だったのですが、ちょうど同じタイミングでホノルルマラソンに参加する機会があり、大勢でゆっくり景色を見ながら走る楽しさを知りました」

ホノルルマラソンを終えて帰国した直後に、たまたまミッケラー（デンマークのビールメーカー）が渋谷でランニングクラブを主宰しているのを見つけたことは、縁による後押しだったのかもしれない。

「みんなで走って、その後にビールを飲むというイベントで、これは楽しそうだなとさっそく申し込みました。渋谷の街を走ることもさることながら、終わったあとにメンバーの皆さんがすごく美味しそうにビールを飲んでいたのが印象的で、ぜひこれを横浜でやってみたいと、会社に掛け合いました」

会社としては当然、この取り組みをどのようにマネタイズして売上げに繋げるのかが焦点となる。その点についても横内氏の構想は抜かりがなかった。

「参加していただいた方にビールを一杯無料でサービスすれば、まず間違いなく、一定数はそのまま残って二杯、三杯と追加オーダーしてもらえる確信がありました。仮に三十人の参加者

多い時には100名近いランナーが参加するほど盛況を見せる「横浜ビールランニングクラブ（YBRC）」

がいて、そのうち半分がもう一杯飲んでくれれば、うちとしては十分ですから。何より、このイベントを毎月定期開催すれば、横浜ビールのファンが増えていくはずだと考えました。ランニング目当てで横浜ビールを知る人もいるでしょうし、結果的に多くの人が繋がり、たくさんの笑顔を作ることが一番の目的と考えています。そして、すべてはランニングを毎回先導してくださる方やラン仲間を呼んできてくださる方々（ファン）のおかげで成り立っています」

その狙い通り、ビアランニングの評判は口コミで広がり、参加者はどんどん増えていく。最も多い時には、百名近いランナーが集まったというから素晴らしい。考えてみれば運動後の飲み物として、酒類ではやはりビールが最強で、一汗かいたあとに「ウイスキーをロックで」と言う人はまず

横浜ビールがあおば小麦で仕込んだ「Angel With Blue Wings」

いないだろう。喉越しで楽しめるビールの強みがここにある。

また、集まった人々の横浜ビールへのエンゲージメントは高まる一方で、常に同社の新製品情報に目を光らせるような、コアなファン層が形成されていく。申込み手続きも参加費も不要で、当日の朝、身一つで「驛の食卓」へ行けばいいというフリーな手軽さも成功の要因に違いない。

さらに個人的に注目したいのは、令和元年（二〇一九）からスタートした、「横浜あおば小麦プロジェクト」だ。

こちらは横浜市青葉区の社会福祉法人が種蒔きから収穫、製粉までの全工程を担う小麦品種「さとのそら」の地産地消を推進する取り組みで、横浜ビールも毎年参加している。蛇足ながら、青葉区は筆者の故郷である。

パンやパスタ、うどん、ピザ、餃子など、地域の飲食店が地元産の小麦を用いて商品開発を行なう中、横浜ビールも二年目にあたる令和三年（二〇二一）からビールの醸造に取り組んでいる。「Angel With Blue Wings」と名付けられたこのビール、命名の由来は「喜ばれるものを作りたい」という気持ちの連鎖を、飛翔する天使になぞらえたものだそう。

本来、ビールの主原料として用いられるのは大麦であるから、小麦とビールの組み合わせを意外に感じる人もいるかもしれないが（なお、日本ではビール大麦の別名で知られる二条大麦が中心だ）、いわゆる白ビールと呼ばれるジャンルのビールは、総じて小麦の麦芽を配合して仕込まれたものである。ドイツの伝統的なスタイルであるヴァイツェンなどは、バナナを思わせるフルーティーな香りが特徴で、ビールの苦味を敬遠する向きにも好まれるスタイルだ。

我が地元だから言うわけではないが、地域の社会福祉法人の活動にこうしてクラフトビールが貢献する様子には、なんだか誇らしさすら感じてしまう。

★「横浜は日本で最も大きなローカル都市」

そんな横浜ビールは、横浜で最初にクラフトビールをつくったブルワリーとして知られている。

前身となる日本地ビール事業研究所株式会社として設立されたのは、クラフトビール解禁元年にあたる平成六年（一九九四）のことであり、その後、経営母体からの事業譲渡などを経て、横浜ビール株式会社が設立されたのが平成九年（一九九七）。体制を改め、平成十一年（一九九九）からビールの醸造をスタートした、文字通りの古参である。

いわば横浜界隈におけるクラフトビール史の生き証人と言えるが、ここまでの道筋は決して平坦ではなかったようだ。引き続き横内氏に話を聞いた。

「横浜ビールの拠点である『驛の食卓』は当初、和風イタリアンの店だったんです。当時、そういうジャンルが流行（はや）っていたためで、実際、クラフトビール解禁後のブームにも後押しされ、最初のうちは売上げ好調だったようです。しかし、徐々に売上げが落ちたことで試行錯誤を重ねるうちに、食材や調味料などの生産者を重視する方針が固まり、つくり手の方のストーリーを伝える場所としてリニューアルした経緯があります」

野菜を栽培する農家はもちろん、醤油やケチャップなどについても、こだわりと情熱を持つ生産者と積極的に繋がり、背景にある物語を発信する場でありたい。これはクラフトビールを取り巻く世界とも合致する考え方だ。

「たとえば東日本大震災が発生した時には、たまたま福島出身のスタッフがいた縁もあり、風評被害に苦しむ現地の食材を積極的に使わせていただきました。横浜に限らず、人と繋がり、地域と繋がるのが今の『驛の食卓』のモットーになっています。これはビールも同様で、いろんな人々や地域と繋がるハブになれるはずです」

横内氏がランニングやビアバイクなどの取り組みを精力的に仕掛けるのは、まさしくそんな想いによるものだ。

もちろん、コロナ禍の窮状と無縁であったわけではない。緊急事態宣言が発令されれば「驛の食卓」を始めとする自社で運営店舗の営業もままならず、ビールの販路は途絶えてしまう。そこで横内氏はEC（オンラインでの販売）の強化に乗り出すことになるのだが、コロナ禍の最中にあらためて気付かされたことがあるという。

「それまでアクティブではなかったオンラインショップをテコ入れして、インターネットでビールを売り出したところ、購入者の皆さんが備考欄にこぞって応援コメントを寄せてくださったんです。まるで示し合わせたかのように、本当に大勢の方から温かい言葉をいただいて……。その時にあらためて、いかに横浜ビールが多くの方に支えられているのかを実感しました」

すべての声援に対し、ビールを梱包する箱に手書きのメッセージを添えて発送したという横

横浜ビールが運営するレストラン「驛の食卓」

内氏。消費者との間にこうした絆が生まれているのも、これまで取り組んできたファンマーケティングの賜物(たまもの)であることは言うまでもない。ビールをハブとする取り組みによって多くの人々と繋がってきたことが、期せずしてコロナ禍という窮地で浮き彫りになったわけだ。

そのため未曾有のパンデミックに際しても、「心底からの不安はあまり感じていませんでした」と横内氏は振り返る。応援が力になるとは、まさにこのことだろう。

そうした体験を踏まえてか、横浜という商圏の特性について横内氏は、「人と人が繋がりやすい街」と表現する。

「この『驛の食卓』周辺にしても、ちょっとぶらつくだけでいろんな人が声をかけてくれるような、繋がりの輪が出来上がっています。このムードは以前、愛媛で働いていた時の感覚に近く、横浜もまたローカルのひとつなのだと再認識させられています。日本で一番大きなローカル都市ですね」

この言葉には個人的に、はっとさせられるものがある。

横浜市青葉区という、ローカルというより鄙びた郊外で生まれ育った身ゆえなのか、筆者は昔から面白みのある故郷に対する憧れが強く、暇さえあれば各地方都市をほっつき歩く生活を続けてきた。

各地方、各地域の特色を求め、現地の人々と交流を持つことに歓びを感じ、気に入った街は年に何度も再訪する。いわば地方にうつつを抜かしていた状態が長らく続いていたわけだが、実は横浜こそ最も面白いローカルのひとつではないかと、横内氏の言葉により今更ながら気付かされた次第だ。まさに灯台下暗（もとくら）しというやつだろう。ビールという切り口は、そんな横浜の魅力を深掘りするひとつの手段に過ぎない。

「国内のマイクロブルワリーは六百社を越え、まだまだ増加傾向にあります。そうした市場の中で、決して大手ではない我々は、横浜というローカルのファンと文化を大切にしていきたいと考えています」

ここで取り上げたもの以外にも、横浜を軸とする同社の取り組みはまだまだある。ぜひ、今後の仕掛けにもご注目いただきたい。

★課税の一本化でビール市場はどうなる？

ところで、第二章でも触れたように、ビールへの課税は今、段階的に改正されている最中にある。発泡酒や新ジャンルを含むビール類はこのあと、令和八年（二〇二六）に「発泡性酒類」として税率は一本化する。

端的にいえば、新ジャンルの税率は上がり、ビールの税率は下がるため、ビール類の価格差は縮まる傾向にある。クラフトビールの台頭もあり、商品の多様化が著しいこの市場は、今後どうなっていくのだろうか。今度はビール産業全体の視点で少し考察してみたい。キリンビールの広報部に見解を求めた。

「価格差が縮まったことで、本来の狭義のビールの需要が拡大しています。今後もこの傾向は続くと見られ、その一方で、発泡酒や新ジャンルは減少すると予測します。ただし、酒税が一本化されたとしても、スタンダード、エコノミー、プレミアム・クラフトといったカテゴリーは残り、また、それとは別に糖質オフ・ゼロ系商品が市場で大きな構成比を占めると考えています」

ここでいう糖質オフ・ゼロ系商品とは、糖質やプリン体をカットした健康志向の製品群のこ

アメリカに引けを取らない伸長スピードを記録する、日本のクラフトビール市場。ビール産業全体の牽引役になり得るか？

と。これまで増税とのイタチごっこで多種多様に広がってきたビール類市場だが、税率が一本化されたとしてもすでに市場は細分化されており、飲み手にとっての選択肢が顕著に減ることはなさそうだ。

そうした多様性をベースに、個人的には本来のビール（ここでは大手四社が提供してきたラガーをイメージしていただきたい）とクラフトビールの垣根はどんどん希薄になっていくと予想する。

実際、ほんの数年前まではクラフトビールを敬遠する古参の飲み助を頻繁に見かけたものだが、最近は明らかにその数は減っている。単にコロナ禍の影響でシニア層が飲み歩かなくなっているだけかもしれないが、何事も多様性は時間とともに受け入れられていくのが常だろう。

そして垣根が取り払われれば、多彩なブルワーう。

が鎬（しのぎ）を削るクラフトビールは、ビール類の市場の強力な牽引者となるに違いない。現にキリンビール広報部によれば、同社がクラフトビール事業に本腰を入れ始めた平成二十九年（二〇一七）から令和三年（二〇二一）の間に、クラフトビール市場は約一・七倍に伸長しているという。

また、市場構成比では、令和三年の時点でクラフトビールが占める割合は約一・五％となっている。これはいささか物足りない数字に思われるかもしれないが、特筆すべきはその伸長のスピードだ。

「アメリカやカナダ、イギリスなどのクラフトビール先進国では、ビール市場内での構成比は数量ベースで六～一三％程度、金額ベースではアメリカで約二七％まで拡大しています（いずれも二〇二一年時点）。これと比較すると日本の市場はまだまだ小規模ですが、市場伸長スピードはアメリカにも劣らず、今後さらなる成長が見込まれています」（キリンビール広報部）

ビール産業の始祖であり、クラフトビールブランド「スプリングバレー」を急成長させている同社の見立てには重みがある。

「コロナ禍で、いつもよりちょっといいもので食卓を豊かにしたいというニーズが高まる中、お客様のお酒の選び方も変化しています。『様々なビールの種類を試すようになった』、『ビールに対して量より質を求めるようになった』というお客様が約半数存在し、そのため自宅での食事やお酒の時間を豊かにしてくれるものであれば、少々高価でも積極的に取り入れたいという気持ちが生まれています」

それにも関わらず、品質ではニーズに十分応えられるはずのプレミアムビール市場が伸び悩んでいるのは、今求められている新規性を満たせていないから、というのが同社の分析だ。

「その点、クラフトビールについては〝美味しさにこだわった、つくり手の感性と創造性が楽しめるビール〟という点で、既存のピルスナーなどと一線を画す価値になると考えられます」

クラフトビール市場の徒花(あだばな)というべき〝淘汰の十年〟の頃と違い、現在のクラフトビールブームは今後も業界全体にポジティブな影響を与えていくはずだ。

★現代の横浜に帰ってきたペリー

散切(ざんぎ)り頭を叩いてみれば文明開化の音がする——。これは明治初期、つまり文明開化の頃にしばしば使われたフレーズで、ある都々逸(どどいつ)の最後の一節である。散切り頭とは、ちょんまげを切り落とした髪型のことで、この都々逸では近代化を象徴する先進的な髪型として、称賛している。

本稿の執筆をスタートしてから、あらためて横浜の街を観察する機会が増えた。その多くは幼い頃からウォッチしてきた勝手知ったる風景であるはずだが、街の様相は淀みなく変化し続けている。

それはそうだろう。横浜市は約三七七万人もの人口を擁し、大阪市の人口二七五万人をはるかに凌駕（りょうが）する大都市であり、海外では「日本の第二都市」と紹介されることもある地域なのだ。人が集まれば商圏が生まれ、そこで流れる経済は街を間断なく研ぎ澄ませていく。

それでも横浜が横浜らしさを失わずにいられるのは、港町ならではの風景もさることながら、この地に流れ続ける〝文明開化の音〟の為せる技かもしれない。

しかし、こうしてビールという切り口をもって横浜の街を咀嚼（そしゃく）してみると、開国当時から今日までに脈々と連なる一本の道筋が見える気がしてならない。

かつては鄙びた半農半漁の村であった横浜は、黒船来航によって多くの外国人が生活する文明開化の舞台へと昇華する。とりわけ明治期以降の急速な発展ぶりは、ナマコを獲って売っていた江戸時代の横浜とは雲泥の違いである。

そしてウィリアム・コープランドをはじめとする渡来のキーパーソンの手によって萌芽したビール産業は、令和の世にも巨大産業として存続し、なおかつ時代の変化に合わせて新たな潮流を生み出し続けている。

すべては黒船来航から始まった、といえばなにやら大仰（おおぎょう）だが、実のところ令和の世の今もペ

かつて横浜村が存在した場所は今、美しい街並みに整備されている

リー提督と我々の縁は切れていない。

令和三年（二〇二一）の六月三日、日本で「THE COMMODORE AND THE KITSUNE～黒船来航～」と名付けられたビールが限定リリースされた。生産量が少なく、販路も限られていたので、見逃した人も多いかもしれない。

つくり手は、アメリカ・ニュージャージー州にあるダブルニッケルブリューイングの醸造長、ドリュー・ペリー氏。そう、あのペリー提督の直系の子孫である。

発売日を黒船が来航した六月三日に合わせる心憎い演出もさることながら、ペリーの子孫がブルワーをやっているというのは、ちょっとしたスクープではないか。

これは愛媛県松山市の人気ブルワリー、DD4D

BREWING & CLOTHING STORE（以下、DD4D）が企画したコラボ商品である。スタイルは黒船に因んだスタウトで、杉チップと一緒に熟成することで表現されたロースト香と、藻塩によって引き出されたほのかな甘味で、和のニュアンスがプラスオンされた特徴的な一本だ。

令和の時代になってこうしたコラボが実現したことには、ただただ驚くばかり。仕掛け人のDD4D・山之内圭太代表によると、同社で醸造長を務めているマイク氏が、もともとドリュー・ペリー氏と懇意であったことから着想した企画なのだという。

「事の発端は、マイクがある時にふと、『そういえば、黒船に乗ってやって来たペリーの子孫は僕の知り合いだよ』とこぼしたことでした。だったら一緒に何か面白いことができないかと、すぐにご本人に連絡を取りました。日本人なら誰もが知るペリー提督の子孫がビールをつくっているなんて、衝撃的でワクワクしたのを覚えています」

企画当初をそう振り返る山之内氏。ほどなく、オンラインを介して対面したペリー氏について、「落ち着いていて知性を感じさせ、すごく優しい人柄である半面、ビールづくりについては情熱的に取り組んでいることがよく伝わってきました」との第一印象を得たという。

話はトントン拍子に進み、両社のコラボはすぐに決定したものの、問題はどのようなビールをつくるかである。

「スタイルはもちろん、スタウト（黒ビール）で満場一致。ビールは向こうでつくってもら

ペリー提督の子孫がアメリカで仕込んだ黒ビール、「THE COMMODORE AND THE KITSUNE ～黒船来航～」

い、何か日本を感じられる原材料を使う方向で議論を重ねたところ、最終的に杉チップと藻塩を使った、ドライインペリアルスタウトでいくことになりました。結果、藻塩を少し入れたことで柔らかい口当たりになり、杉のニュアンスもほどよく利いていて、ドライインペリアルスタウト本来の味わいにもうまくマッチしたビールになったと感じています」（山之内氏）

ドライインペリアルスタウトとは、オーソドックスなスタウトと比べてハイアルコールで濃厚なものを意味する。

ラベルにはペリー提督のイラストと「黒船来航」の文字。そしてダブルニッケル側が用意したという、ちょっとおどろおどろしいイラストが目を引く。そして裏ラベル

缶の裏面には、ドリュー・ペリー氏のサインがあしらわれている

には、ドリュー・ペリー氏のサインが添えられた。

筆者も本稿執筆の最中に運良く貴重な一本を入手することができ、あらためて横浜とビールの関係に思いを馳せながらじっくりと味わった。

スタウト特有の香ばしさはそのままに、シルキーでまろやかな舌触りと、芳醇なコクが表現された至高の酒質。発売から少し時間を経ていたためか適度な熟成感があり、それがまた、黒船来航からの年月を含ませているようで、何とも言えずロマンティックな味わいに感じられた。

「幕末の黒船上で、アメリカ人と日本人が宴（うたげ）をした際にビールが振る舞われたという史実は、実は後から知ったことでした。それから一世紀半を経て、ペリー提督の子孫とクラフトビールで関われたことは、自分たちにとって非常に貴重な経験です。ドリュー氏にはこうして現代の日本のクラフトビール業界を盛り上げていただき、感謝しかありません」

　果たして天国のペリー提督は、自らが扉をこじ開けた日本で実現したこのコラボレーションについて、何を感じているだろうか。紆余曲折を経て日米が良好な関係を育んでいることを喜んでくれていればいいのだが。

　そしてこの一本を飲み終えた筆者は、開国のきっかけと今日に連なるビール産業の礎（いしずえ）をありがとうと、感謝の念で胸がいっぱいになったことを書き添えておきたい。

　長い伝統を持つ日本のビール産業だが、近年になってクラフトビールという新たな潮流が起こり、こうした驚きのコラボが実現する様子を見れば、その歴史はまだ道半ばのように思える。つまりビールの世界とは、これから先にも様々なお楽しみが待ち受けている豊穣なジャンルなのだ。

あとがき

元来が大の酒好きであるから決して不自然ではないのだが、気がつけばビールが物書きとしての重要なテーマになって久しい。それはクラフトビールの台頭で、ビール市場が俄然、面白くなってきたことに一因がある。

ここ数年、主にはマイクロブルワリーに焦点を定め、北海道から沖縄まで全国津々浦々、その土地独自のビールを浴びて歩いてきた。つくり手それぞれの個性にスポットを当てながら、「背景を知れば酒は何倍も旨くなる」という持論に立ち返り、いたずらに杯を重ねる楽しい日々。それがこうして飯の種になるのだから、我ながらいいご身分である。

今回はそこへさらに、「横浜」というキーワードをいただいた。

「友清さんは横浜出身だから、横浜という地域を題材に何か企画を考えてみませんか」

それが、本書の担当編集者からの第一声であった。こうして〝浜っ子〟として扱われるのは、二十年超に及ぶライター稼業の中でも初めての体験で、思わず胸がときめいた。

横浜出身というフレーズは、実に響きがいい。地名を口にすれば誰もがみなとみらいの洒落た風景を思い浮かべるし、国内有数の大都市として発展もしている。おまけに港町としての歴史に目を向ければ、文明開化の香りがぷんぷん漂い、往時の浪漫の気配にうっとりさせられること請け合いだ。

さすがは誇るべき我が故郷！　……と胸を張ることができないのは、筆者が横浜市の内陸の出だからなのだろう。

行政区で括れば確かに横浜市ではあるものの、少年時代を過ごしたのは港から遠く離れた新興住宅地。横浜より渋谷へ出るほうが便の良いエリアで、学校の裏山には東京都町田市との境界線があった。

とくに小学校時代はまだ豊かな自然を残していて、キジやタヌキが家のまわりを闊歩する姿をよく見かけたものである（五年生の時には近所の団地に野生のイノシシが出没したが、これはさすがに新聞沙汰になった）。出身地に貴賤はないと信じているが、これでは胸を張って横浜を語るのは憚れる。

そんな卑下した想いが神様に伝わっていたのか、こうして様々な切り口でルポルタージュを手掛けるようになってからも、横浜という素材を真正面から扱う機会はこれまでほとんど得られなかった。

だからこそ、今回「横浜×ビール」というテーマとがっちり向き合うことができたのは、得難い経験であったと痛感している。これは長らく心の片隅で温め続けてきたテーマでもあり、担当編集者から「横浜を題材に」と話を振られた際には、間髪入れずに「横浜といえば、ビールですよ！」と返したシーンを今でもよく覚えている。

果たして、本書の構成と同様に、まずはビール発祥の現場をおさらいすることからスタートを切った今回の取材行。あらためて横浜界隈を巡り、ビール井戸やキリン園公園など黎明期の痕跡を探すのは興味深い行程であった。

日本のビール産業史にアプローチすれば、自ずとキリンビールの変遷に迫ることになり、近所の酒販店からケースで届くキリンの瓶ビールを、親がリビングで旨そうに飲み干していた少年時代の光景が思い出された。

他方では、昨今賑やかなクラフトビール市場の始まりを同じ神奈川県内のブルワリーに求め、文明開化の端緒となったペリー提督の子孫が醸したビールを味わった。

あるいは、膨大な資料にあたりながら、古代メソポタミアで生まれたビールが横浜に到達するまでを追うプロセスは知的好奇心を満たす楽しいもので、新たな発見や学びも多数得られた。

とはいえ、酒は御託を並べながらいただくものではない。まして、それがビールであるなら尚更、過ぎた薀蓄は不要であるはずだ。あくまで背景にある横浜の物語を、ビールのスパイスとしてお楽しみいただければ幸いだ。

最後になりましたが、取材にご対応いただいたすべての皆様、そして拙い原稿を前に最後まで伴走していただいた編集部の山口真一郎氏に、心よりの御礼を申し上げます。

友清 哲

ブックデザイン・DTP　宮澤来美（睦実舎）

【著者紹介】

友清 哲（ともきよ・さとし）

1974年生まれ。神奈川県横浜市出身。フリーライター&編集者。ルポルタージュを中心に著述を展開。著書に『日本クラフトビール紀行』『物語で知る日本酒と酒蔵』（ともにイースト新書Q）、『一度は行きたい「戦争遺跡」』（PHP文庫）、『怪しい噂 体験ルポ』『R25 カラダの都市伝説』（ともに宝島SUGOI文庫）、『作家になる技術』（扶桑社文庫）、『片道で沖縄まで』（インフォバーン）ほか。

横濱麦酒（ビール）物語

2023年 6 月 8 日　初版第 1 刷発行

著　者　友清 哲
発行者　松信健太郎
発行所　株式会社 有隣堂
本　社　〒231-8623 横浜市中区伊勢佐木町 1-4-1
出版部　〒244-8585 横浜市戸塚区品濃町 881-16
電話 045-825-5563　振替 00230-3-203
印刷所　株式会社堀内印刷所

ISBN978-4-89660-240-1　C0277